建筑设备安装·辐射冷暖专业教材

室内供热工程

编委会

主任委员 朱　泉

副主任委员 李　康

委　　员 邹世晋　唐晋文　张　雪

李嗣聃　代志良

编审人员名单

主　编 王　健

副主编 郭建刚

主　审 张保红

审　稿 林　峰　郭春雨

四川大学出版社

特约编辑：梁　平
责任编辑：楼　晓
责任校对：武慧智
封面设计：原谋设计工作室
责任印制：王　炜

图书在版编目(CIP)数据

室内供热工程 / 王健主编. 一成都：四川大学出版社，2013.9
ISBN 978-7-5614-7173-9

Ⅰ.①室…　Ⅱ.①王…　Ⅲ.①室内－供热系统－中等专业学校－教材　Ⅳ.①TU833

中国版本图书馆 CIP 数据核字（2013）第 232018 号

书名　**室内供热工程**

主　　编　王　健
出　　版　四川大学出版社
地　　址　成都市一环路南一段 24 号 (610065)
发　　行　四川大学出版社
书　　号　ISBN 978-7-5614-7173-9
印　　刷　绵阳教育印刷厂
成品尺寸　185 mm×260 mm
印　　张　10.25
字　　数　249 千字
版　　次　2013 年 9 月第 1 版
印　　次　2013 年 9 月第 1 次印刷
定　　价　21.00 元

◆读者邮购本书，请与本社发行科联系。
电话：(028)85408408/(028)85401670/
(028)85408023　邮政编码：610065
◆本社图书如有印装质量问题，请寄回出版社调换。
◆网址：http://www.scup.cn

前　言

本书是根据中职示范教育建筑设备安装·辐射冷暖专业室内热工工程课程教学的基本要求，总结编者多年的教学经验，并结合中职教学改革的实践，为适应中职教育的需要而编写的。

本书内容的取舍以应用为目的，以必要、够用为原则，结合专业需要，精简在工程实际中应用甚少的内容，优化教材结构，突出针对性和实用性。

本书的专业例图全部来自实际工程，使学生对室内热工工程，尤其是对辐射冷暖专业的具象有了初步的认知，有利于提高学生今后实际工作的能力。

在内容阐述上，力求深入浅出，层次分明，图文并重，分散难点，简单易学，使教学更贴近工程应用和生产实际，增强教材的生动性和可读性。

本书可作为中职教育建筑设备、工程技术、建筑工程管理、工程造价、工程监理、房地产、物业等专业教学用书。也可供其他类型学校如职工大学、函授大学、电视大学、培训学校等的相关专业选用，或供地暖行业的有关工程技术人员参考。

本书在编写过程中得到了许多行业专家和重庆五一高级技工学校老师的帮助和支持，在此深表谢意。

本教材是中职示范教育建筑设备安装·辐射冷暖专业系列教材中的一本，其他教材为《建筑环境与设备工程》和《建筑制图》等。我们将陆续编写本专业更多的教材，为有志于辐射供暖制冷专业的学生提供实用的资料。

本书的不足之处，恳请同仁和读者批评指正，以便我们改进和完善，谨致谢忱。

目　录

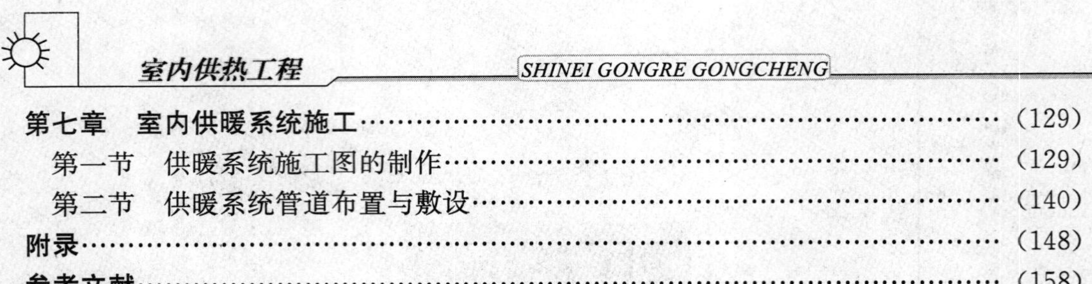

第一章　供暖设计热负荷

第一节　热量的得失与热负荷

一、建筑物的得热量和失热量

建筑物无论是用于生活还是生产，都要求满足一定的温度。一个建筑物或一个房间可通过多种途径得到热量或散失热量，这都将影响到房间的温度。当房间的得热量大于失热量时，房间的温度将升高；相反，当房间的失热量大于得热量时，房间的温度将降低。在我国北方，由于室外气温较低，因此房间的失热量往往都大于得热量，使得房间温度偏低，须借助室内供暖系统为房间提供热量。

房间的失热量一般由下述因素造成：

①通过围护结构两边的温差传出的热量，Q_1；

②通过门窗的缝隙渗入室内的冷空气的吸热量，Q_2；

③由外围护结构上的空洞等侵入室内的冷空气的吸热量，Q_3；

④由外部运入的冷物料和运输工具等的吸热量，Q_4；

⑤机械排风的失热量，Q_5；

⑥水分蒸发的吸热量等，Q_6。

房间的得热量一般由下述因素造成：

①通过室内照明进入室内的热量，Q_7；

②非供暖通风的热管道、热设备或热物料散入房间的热量，Q_8；

③人体散热量，Q_9；

④由于太阳辐射进入房间的热量，Q_{10}。

在我国北方地区，冬季房间的总得热量一般都小于失热量，为了维持室内舒适的温度，通常需要靠供暖系统输送热量。供暖系统在单位时间内向房间提供的热量是设计供暖系统最基本的数据。

二、供暖系统设计热负荷

供暖系统的设计热负荷是指在某一室外温度下，为了达到要求的室内温度，供暖系统在单位时间内向建筑物提供的热量。

对于一般的民用建筑和产热量较少的工业建筑以及没有装置机械通风系统的建筑物，计算供暖系统的设计热负荷时通常只考虑主要的失热因素和得热因素。即得热因素只考虑太阳辐射的热量，而失热因素只考虑通过围护结构的传热耗热量、通过门窗的缝隙渗入室内的冷空气的吸热量以及由外围护结构上的空洞等侵入室内的冷空气的吸热量。供暖系统的设计热负荷可用下式表示

$$Q' = Q'_{sh} - Q'_{d} = Q'_{1} + Q'_{2} + Q'_{3} - Q'_{10}$$

式中：Q'_{sh}——失热量，W；

Q'_{d}——得热量，W；

Q'_{1}——通过围护结构的传热耗热量，W；

Q'_{2}——冷风渗透耗热量，W；

Q'_{3}——冷风侵入耗热量，W；

Q'_{10}——太阳辐射得热量，W。

式中的上标符号“′”均表示在设计工况下的各种参数。

围护结构的传热耗热量是指当室内温度高于室外温度时，通过围护结构向外传递的热量。在工程设计中，常把它分成围护结构的基本耗热量和附加（修正）耗热量两部分进行计算。基本耗热量是指在设计条件下，通过房间各部分围护结构（门、窗、墙、地板、屋顶等）从室内传到室外的稳定传热量的总和。附加（修正）耗热量是指围护结构的传热条件发生变化时对基本耗热量进行修正的耗热量，包括风力附加、高度附加和朝向修正等耗热量。其中朝向修正是考虑围护结构的朝向不同、太阳辐射得热量不同而对基本耗热量进行的修正。

因此，在工程设计中，供暖系统的设计热负荷，一般可分成以下几部分进行计算

$$Q' = Q'_{1.j} + Q'_{1.x} + Q'_{2} + Q'_{3}$$

式中：$Q'_{1.j}$——围护结构的基本耗热量，W；

$Q'_{1.x}$——围护结构的附加（修正）耗热量，W。

其他符号意义同前。

其中前两项表示通过围护结构的传热耗热量，后两项表示室内通风换气所消耗的热量。

第二节　围护结构的基本耗热量

建筑存在于自然界中，与自然界之间有能量与物质的交换，建筑内部环境中的能量分布形式直接影响人们的冷热舒适度感觉。建筑的主要功能就是帮助人们抵御严酷的自然条件，保证人体热舒适度。为保证室内环境的舒适，建筑都采用围护结构。建筑围护结构是指建筑及房间各面的围挡物，如门、窗、墙等，能够有效地抵御不利环境的影响。

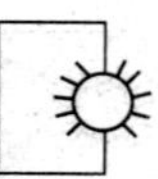

根据在建筑物中的位置，围护结构分为外围护结构和内围护结构。外围护结构包括外墙、屋顶、侧窗、外门等，用以抵御风雨、温度变化、太阳辐射等。内围护结构如隔墙、楼板和内门窗等，起分隔室内空间作用。我们通常所说的围护结构是指外墙和屋顶等外围护结构。

一般情况下，围护结构的基本耗热量是一个随时都在变化的变量，这是因为室内散热设备散热不稳定，室外空气温度随季节和昼夜的变化也在不断波动，因此，通过围护结构的传热过程是一个不稳定传热过程，但不稳定传热计算复杂。因此，在工程设计中，围护结构的基本耗热量是按一维稳定传热过程进行计算的，即假设在计算时间内，室内外空气温度和其他传热过程参数都不随时间变化。实际上，对室内温度允许有一定波动幅度的一般建筑物来说，采用稳定传热计算可以简化计算方法并能基本满足要求。围护结构基本耗热量，可按下式计算

$$q' = KF(t_n - t'_w)\alpha$$

式中：q'——基本耗热量，W；

K——围护结构的传热系数，W/(m^2·℃)；

F——围护结构的面积，m^2；

t_n——供暖室内计算温度，℃；

t'_w——供暖室外计算温度，℃；

α——围护结构的温差修正系数。

整个建筑物或房间的基本耗热量$Q'_{1.j}$等于它的围护结构各部分基本耗热量q'的总和

$$Q'_{1.j} = \sum q' = \sum KF(t_n - t'_w)\alpha$$

下面对上式中各项分别讨论。

一、室内计算温度 t_n

室内计算温度是指距地面 2 m 以内人们活动地区的平均空气温度。室内空气温度的选定，应满足人们生活和生产工艺的要求。生产要求的室温，一般由工艺设计人员提出。生活用房间的温度，主要决定于人体的生理热平衡。它和许多因素有关，如与房间的用途、室内的潮湿状况和散热强度、劳动强度以及生活习惯、生活水平等有关。

许多国家所规定的冬季室内温度标准，大致在 16～22 ℃范围内。根据国内有关卫生部门的研究结果认为：当人体衣着适宜且处于安静状况时，室内温度 20 ℃比较舒适。16 ℃无冷感，15 ℃是产生明显冷感的温度界限。

我国《供暖通风与空气调节设计规范》（GB 50019—2003）（以下简称《暖通规范》）规定：设计集中供暖时，冬季室内计算温度，应根据建筑物的用途，按下列规定采用：

①民用建筑的主要房间，宜采用 16～20 ℃；

②生产厂房的工作地点：轻作业不应低于 15 ℃，中作业不应低于 12 ℃，重作业不应低于 10 ℃；

③辅助建筑物及辅助用室的冬季室内计算温度值，见表 1−1。

表 1−1　部分建筑物冬季室内计算温度 t_n

建筑物	温度/℃	建筑物	温度/℃
浴室	25	办公室	16～18
更衣室	23	食堂	14
托儿所、幼儿园、医务室	20	盥洗室、厕所	12

对于高度较高的生产厂房，由于对流作用，上部空气温度必然高于工作地区温度，通过上部围护结构的传热量增加。因此，当层高超过 4 m 的建筑物或房间，冬季室内计算温度 t_n，应按下列规定采用：

①计算地面的耗热量时，应采用工作地点的温度 t_g；

②计算屋顶和天窗耗热量时，应采用屋顶下的温度 t_d；

③计算门、窗和墙的耗热量时，应采用室内平均温度 $t_{p.j}$，$t_{p.j}=(t_g+t_d)/2$；

屋顶下的空气温度 t_d 受诸多因素影响，难以用理论方法确定。最好是按已有类似厂房进行实测确定或经验数值用温度梯度法确定。即

$$t_d=t_g+(H-2)\Delta t$$

式中：H——屋顶距地面的高度，m；

Δt——温度梯度，℃/m。

二、供暖室外计算温度 t'_w

供暖室外计算温度 t'_w 如何确定，对供暖系统设计有关键性的影响。如采用过低的值，会使供暖系统的造价增加；如采用值过高，则不能保证供暖效果。目前国内外选定供暖室外计算温度的方法，可以归纳为两种：一是根据围护结构的热惰性原理，另一种是根据不保证天数的原则来确定。用热惰性原理确定供暖室外计算温度的值比较低，我国不采用。采用不保证天数方法的原则是：人为允许有几天时间可以低于规定的供暖室外计算温度值，亦即容许这几天室内温度可能稍低于室内计算温度值。不保证天数根据各国规定而有所不同，有 1 天、3 天、5 天等。

我国现行的《暖通规范》采用了不保证天数方法确定北方城市的供暖室外计算温度值。规范规定："供暖室外计算温度，应采用历年平均不保证 5 天的日平均温度。"

三、温差修正系数 α 值

对供暖房间围护结构外侧不是与室外空气直接接触，而是中间隔着不供暖房间或空间的场合，如图 1−1 所示。通过该围护结构的传热量应为 $Q=KF(t_n-t_h)$，式中 t_h 是传热达到热平衡时，非供暖房间或空间的温度。

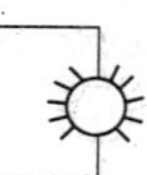

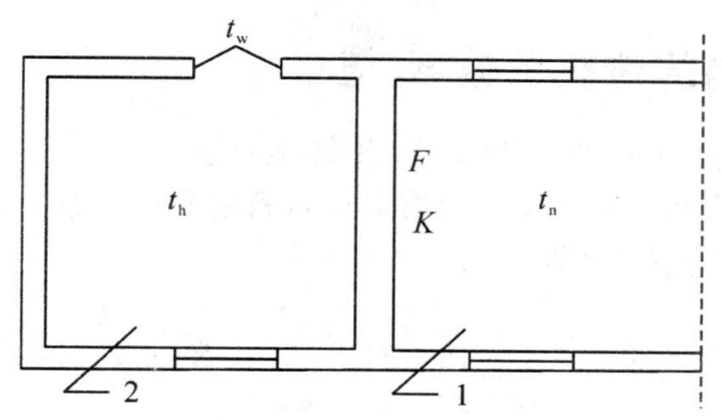

1—供暖房间；2—非供暖房间

图 1—1 计算温差修正系数示意图

计算与室外空气不直接接触的外围护结构基本耗热量时，由于非供暖房间的室温 t_h 不便确定，为了简便，通常采用乘以系数的形式，见下式

$$Q = \alpha KF(t_n - t'_w) = KF(t_n - t_h)$$

得：

$$\alpha = \frac{t_n - t_h}{t_n - t'_w}$$

式中：F——供暖房间所计算的围护结构表面积，m^2；

K——供暖房间所计算的围护结构的传热系数，W/（m^2·℃）；

t_h——不供暖房间或空间的空气温度，℃；

α——围护结构的温差修正系数。

围护结构温差修正系数的大小，取决于非供暖房间或空间的保温性能和透气状况。对于保温性能差和易于室外空气流通的情况，不供暖房间或空间的空气温度更接近于室外空气温度，则 α 值更接近于 1。各种不同情况的温差修正系数见表 1—2。

表 1—2 温差修正系数

围护结构特征	α
外墙、屋顶、底面以及与室外相同的楼板等	1.00
闷顶、与室外空气相通的非供暖地下室上面的楼板	0.90
非供暖地下室上面的楼板，且外墙有窗	0.75
非供暖地下室上面的楼板，外墙上无窗且位于室外地坪以上	0.60
非供暖地下室上面的楼板，外墙上无窗且位于室外地坪以下	0.40
与有外门窗的非供暖房间相邻的隔墙	0.70
与无外门窗的非供暖房间相邻的隔墙	0.40
伸缩缝、沉降缝	0.30

此外，如两个相邻房间的温差大于或等于 5 ℃时，应计算通过隔墙或楼板的传热量。

四、围护结构的传热系数 K 值

1. 匀质多层材料（平壁）的传热系数 K 值

一般建筑物的外墙和屋顶都属于匀质多层材料的平壁结构，其传热过程如图 1－2 所示。传热系数 K 可用下式计算

$$K=\frac{1}{R_0}=\frac{1}{\frac{1}{\alpha_n}+\sum\frac{\delta_i}{\lambda_i}+\frac{1}{\alpha_w}}=\frac{1}{R_n+R_j+R_w}$$

式中：K——传热系数，W/(m²·℃)；

R_0——围护结构的传热热阻，(m²·℃)/W；

α_n，α_w——围护结构内表面、外表面的传热系数，W/(m²·℃)；

R_n，R_w——围护结构内表面、外表面的传热热阻，(m²·℃)/W；

δ_i——围护结构各层的厚度，m；

λ_i——围护结构各层材料的热导率，W/(m·℃)，常用建筑材料的热导率见附表 1；

R_j——由单层或多层材料组成的围护结构各材料层的热阻，(m²·℃)/W。

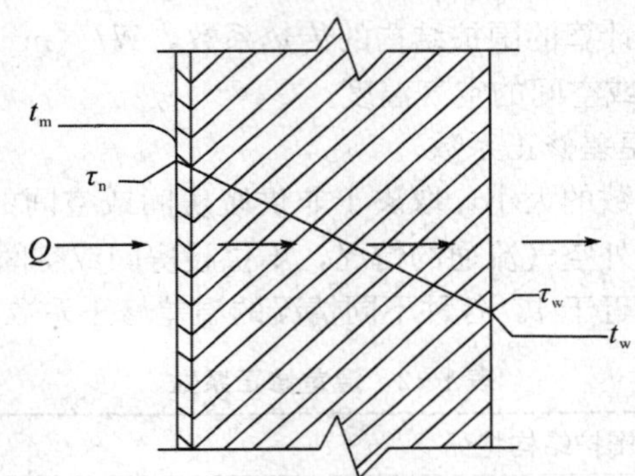

图 1－2　通过围护结构的传热过程

围护结构表面传热过程是对流和辐射的综合过程。围护结构内表面传热是壁面与邻近空气和其他壁面由于温差引起的自然对流和辐射传热作用，而在围护结构外表面主要是由于风力作用产生的强迫对流传热，辐射传热占的比例较小。在工程计算中采用的传热系数和传热热阻见表 1－3 及表 1－4。

表 1－3　内表面传热系数 α_n 与换热热阻 R_n

围护结构内表面特征	α_n	R_n
	W/(m²·℃)	(m²·℃)/W
墙、地面、表面平整或有肋状突出物的顶棚，当 $h/s\leqslant 0.3$ 时	8.7	0.15
有肋状突出物的顶棚，当 $h/s>0.3$ 时	7.6	0.32

注：表中 h 为肋高（m），s 为肋间净距（m）。

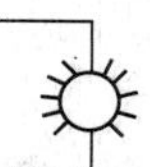

表 1－4 外表面传热系数 α_w 与传热热阻 R_w

围护结构外表面特征	α_w W/(m²·℃)	R_w m²·℃/W
外墙和屋顶	23	0.04
与室外空气相通的非供暖地下室上面的楼板	17	0.06
闷顶和外墙上有窗的非供暖地下室上面的楼板	12	0.08
外墙上无窗的非供暖地下室上面的楼板	6	0.17

常用围护结构的传热系数 K 见表 1－5。

表 1－5 常用围护结构传热系数 K 值

建筑物	K	建筑物	K
门：		单层金属框	6.40
单层实木外门	4.65	双层金属框	3.26
双层实木外门	2.33	单框双层	3.49
单层木框带玻璃的阳台外门	5.82	内表面抹灰外墙：	
双层木框带玻璃的阳台外门	2.68	24 砖墙	2.08
单层金属框带玻璃的阳台外门	6.40	37 砖墙	1.57
双层金属框带玻璃的阳台外门	3.26	49 砖墙	1.57
单层内门	2.91	双面抹灰内墙：	
外窗：		12 砖墙	2.31
单层木框	5.82	24 砖墙	1.72
双层木框	2.68		

2. 由两种以上材料组成的、两向非匀质围护结构的传热系数

实心砖墙传热系数较高，从节能角度出发，采用各种形式的空心砌块，或填充保温材料的墙体等日益增多。这种墙体属于由两种以上材料组成的、非匀质围护结构，属于两维传热过程，计算它的传热系数 K 时，通常采用近似计算方法或实验数据。

两向非均匀介质围护结构传热系数 K 为

$$K=\frac{1}{R_0}=\frac{1}{R_n+R_{p.j}+R_w}$$

式中：$R_{p.j}$——围护结构的平均传热热阻。

3. 空气间层的传热系数 K

在严寒地区和一些高级民用建筑，围护结构内常用空气间层来减小传热量，如双层玻璃、复合墙体的空气间层等。间层中的空气热导率比组成围护结构的其他材料的热导率小，增加了围护结构传热热阻。空气间层传热同样是辐射与对流传热的综合过程。在间层壁面涂覆辐射系数小的反射材料，如铝箔等，可以有效地增大空气间层的传热热

阻。对流传热强度，与间层的厚度、间层设置的方向和形状，以及密封性等因素有关。当厚度相同时，热流朝下的空气间层热阻最大，竖壁次之，而热流朝上的空气间层热阻最小。同时，在达到一定厚度后，反而易于对流传热，热阻的大小几乎不随厚度增加而变化。

空气间层的热阻难以用理论公式确定。在工程设计中，可按表1—6确定。

表1—6 空气间层的热阻R'［(m²·℃)/W］

位置、热流状况	间层厚度δ/cm						
	0.5	1	2	3	4	5	6以上
热流向下（水平、倾斜）	0.103	0.138	0.172	0.181	0.189	0.198	0.198
热流向上（水平、倾斜）	0.103	0.138	0.155	0.163	0.172	0.172	0.172
垂直空气间层	0.103	0.138	0.163	0.172	0.181	0.181	0.181

4. 地面的传热系数

在冬季，室内热量通过靠近外墙地面传到室外的路程较短，热阻较小。而通过远离外墙地面传到室外的路程较长，热阻增大。因此，室内地面的传热系数（热阻）随着离外墙的远近而有变化，但在离外墙约6 m远的地面，传热量基本不变。基于上述情况，在工程上一般采用近似方法计算，把地面沿外墙平行的方向分成四个计算地带，如图1—3所示。

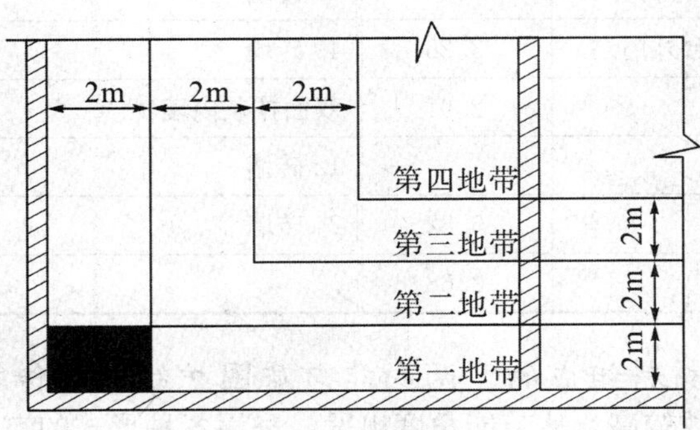

图1—3 地面传热地带的划分

(1) 贴土非保温地面组成地面的各层材料热导率λ都大于1.16 W/(m·℃)，为非保温地面，其传热系数及热阻见表1—7。但应注意第一地带靠近墙角的地面面积(如图1—3中阴影部分)需要计算两次。

表1—7 非保温地面的热阻R_0和传热系数K_0

地带	R_0/［(m²·℃)/W］	K_0/［(m²·℃)/W］	地带	R_0/［(m²·℃)/W］	K_0/［(m²·℃)/W］
第一地带	2.16	0.47	第三地带	8.60	0.12
第二地带	4.30	0.23	第四地带	14.2	0.07

(2) 贴土保温地面组成地面的各层材料中，有热导率λ小于1.16 W/(m·℃)的保

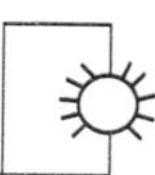

温层，其各地带的热阻值，可按下式计算

$$R_0' = R_0 + \sum_{i=1}^{n} \frac{\delta_i}{\lambda_i}$$

式中：R_0'——贴土保温地面的传热热阻，$(m^2 \cdot ℃)/W$；

R_0——不保温地面的传热热阻，$(m^2 \cdot ℃)/W$；

δ_i——保温层的厚度，m；

λ_i——保温材料的热导率，$W/(m \cdot ℃)$。

（3）铺设在地垄墙上的保温地面，其各地带的传热阻值可按下式计算

$$R_0' = 1.08R_0$$

五、围护结构传热面积的丈量

不同围护结构传热面积的丈量方法按图 1−4 的规定计算。

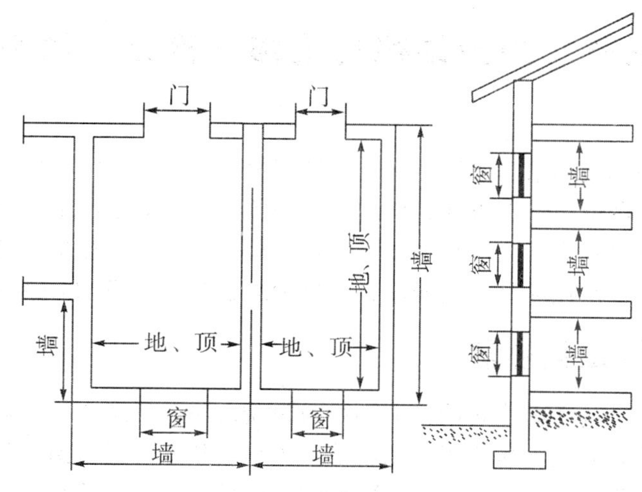

图 1−4 围护结构面积丈量规则

外墙面积的丈量，高度从本层地面算到上层地面，底层还应包括首层地面的厚度。对平屋顶的建筑物，最顶层的丈量是从最顶层的地面到平屋顶的外表面的高度（包括保温层与防水层）；而对有闷顶的斜屋面，应包括闷顶内的保温层表面。外墙的平面尺寸，应按建筑物外廓尺寸计算。两相邻房间以内墙中线为分界线。

门、窗的面积按外墙外面上的净空尺寸计算。

闷顶和地面的面积，应按建筑物外墙以内的外廓尺寸计算。

对于平屋顶，顶棚面积按建筑物外廓尺寸计算。

对于地下室面积的丈量，位于室外地面以下的外墙，其耗热量计算方法与地面的计算相同，但传热地带的划分，应从与室外地面相平的墙面算起，以及把地下室外墙在室外地面以下的部分看作是地下室地面的延伸，如图 1−5 所示。

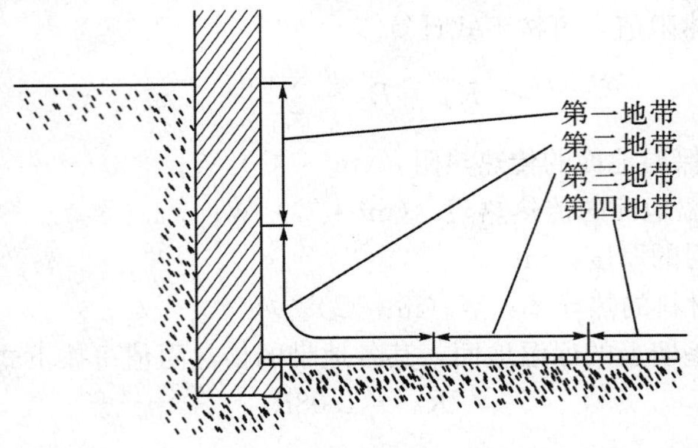

图 1－5　地下室面积的丈量

第三节　围护结构的附加（修正）耗热量

围护结构的基本耗热量是在稳定条件下计算得出的，而实际耗热量会受到气象条件以及建筑物情况等各种因素影响而有所增减。因此，需要对围护结构基本耗热量进行修正，这些修正耗热量称为围护结构附加（修正）耗热量，通常按基本耗热量的百分率进行修正。附加（修正）耗热量有朝向修正、风力附加和高度附加耗热量等。

一、朝向修正耗热量

朝向修正耗热量是考虑建筑物受太阳照射影响而对围护结构基本耗热量的修正。当太阳照射建筑物时，阳光直接透过玻璃窗使室内得到热量，同时由于受阳面的围护结构较干燥，外表面和附近空气温度升高，围护结构向外传递热量减少。采用的修正方法是按围护结构的不同朝向，采用不同的修正率。需要修正的耗热量等于垂直的外围护结构（门、窗、外墙及屋顶的垂直部分）的基本耗热量乘以相应的朝向修正率。

目前在设计计算中不同朝向的修正率一般采用下列数值：

北、东北、西北　　0～10％；
东、西　　－5％；
东南、西南　　－15％～－10％；
南　　－30％～－15％。

选用上述朝向修正率时，应考虑当地冬季日照率、辐射照度、建筑物使用和被遮挡等情况。对于冬季日照率小于35％的地区，东南、西南和南向修正率，宜采用－10％～0，东、西向可不修正。

二、风力附加耗热量

风力附加耗热量是考虑室外风速变化而对围护结构基本耗热量的修正。在计算围护

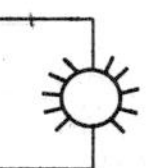

结构基本耗热量时，外表面换热系数 α_w 是对应风速约为 4 m/s 的计算值。我国大部分地区冬季平均风速一般为 2～3 m/s。因此，在一般情况下，不必考虑风力附加。只对建在不避风的高地、河边、海岸、旷野上的建筑物，以及城镇、厂区内特别高出的建筑物，才考虑垂直的外围护结构附加 5%～10%。

三、高度附加耗热量

高度附加耗热量是考虑房屋高度对围护结构耗热量的影响而附加的耗热量。

《暖通规范》规定：民用建筑和工业辅助建筑物（楼梯间除外）的高度附加率，当房间高度大于 4 m 时，每高出 1 m 应附加 2%，但总的附加率不应大于 15%。计算时应注意：高度附加率，应附加于房间各围护结构基本耗热量和其他附加（修正）耗热量的总和上。

综上所述，建筑物或房间在室外供暖计算温度下，通过围护结构的传热耗热量，可用下式综合表示

$$Q_1' = Q_{1.j}' + Q_{1.x}' = (1 + x_g)\sum \alpha KF(t_n - t_w')(1 + x_{ch} + x_f)$$

式中：x_{ch}——朝向修正率；

x_f——风力附加率，$x_f \geqslant 0$；

x_g——高度附加率，$15\% \geqslant x_g \geqslant 0$。

四、外门附加耗热量

外门附加耗热量是考虑建筑物外门开启时，侵入冷空气导致耗热量增大，而对外门基本耗热量的修正。对于短时间开启无热风幕的外门，可以用外门的基本耗热量乘上按表 1－8 查出的相应的附加率。阳台门不应考虑外门附加。

表 1－8　外门附加率

外门布置状况	附加率
一道门	$n \times 65\%$
两道门（有门斗）	$n \times 80\%$
三道门（有两个门斗）	$n \times 60\%$
公共建筑和工业建筑的主要出入口	500%

注：n 为建筑物的楼层数。

第四节　冷风渗透耗热量

在风力和热压造成的室内外压差作用下，室外的冷空气通过门、窗等缝隙渗入室内，被加热后逸出。把这部分冷空气从室外温度加热到室内温度所消耗的热量，称为冷

风渗透耗热量 Q_2'。冷风渗透耗热量，在设计热负荷中占有不小的份额。

影响冷风渗透耗热量的因素很多，如门窗构造、门窗朝向、室内外空气的温差、建筑物高低以及建筑物内部通道状况等。总的来说，对于多层（六层及六层以下）的建筑物，由于建筑总高度不高，在工程设计中，冷风渗透耗热量主要考虑风压的作用，可忽略热压的影响。对于高层建筑，则应考虑风压与热压的综合作用。

计算冷风渗透耗热量的常用方法有缝隙法、换气次数法和百分数法。

一、按缝隙法计算多层建筑的冷风渗透耗热量

对多层建筑，可通过计算不同朝向的门，窗缝隙长度以及从每米长缝隙渗入的冷空气量，确定其冷风渗透耗热量。这种方法称为缝隙法。

对不同类型的门、窗，在不同风速下每米长缝隙渗入的空气量 L，可采用表 1－9 的实验数据。

表 1－9　每米门、窗缝隙渗入的空气量 L（m^3/h）

门窗类别	冬季室外平均风速（m/s）					
	1	2	3	4	5	6
单层木窗	1.0	2.0	3.1	4.3	5.5	6.7
双层木窗	0.7	1.5	2.2	3.0	3.9	4.7
单层钢窗	0.6	1.5	2.6	2.9	5.2	6.7
双层钢窗	0.4	1.1	1.8	2.7	3.6	4.7
推拉铝窗	0.2	0.5	1.0	1.6	2.3	2.9
平开铝窗	0.0	0.1	0.3	0.4	0.6	0.8

注：1. 每米外门缝隙渗入的空气量，为表中同类型外窗的两倍。
　　2. 当有密封条时，空气量 L 可乘以 0.5～0.6 的系数。

用缝隙法计算冷风渗透耗热量时，不但要考虑朝向冬季主导风向的门、窗，而且还要考虑朝向非主导风向和背风面的门窗。

《暖通规范》明确规定：建筑物门窗缝隙的长度分别按各朝向所有可开启的外门、窗缝隙丈量，在计算不同朝向的冷风渗透空气量时，引进一个渗透空气量的朝向修正系数 n。即

$$V = Lln$$

式中：V——经门、窗缝隙渗入室内的空气量，m^3/h；
　　L——每米门、窗缝隙渗入室内的空气量，m^2/h；
　　l——门、窗缝隙的计算长度，m；
　　n——渗透空气量的朝向修正系数。

门、窗缝隙的计算长度，建议可按下述方法计算：当房间仅有一面或相邻两面外墙时，全部计入其门、窗可开启部分的缝隙长度；当房间有相对两面外墙时，仅计入风量较大一面的缝隙；当房间有三面外墙时，仅计入风量较大的两面的缝隙。

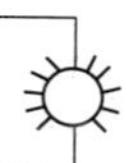

确定门窗缝隙渗入空气量后，冷风渗透耗热量 Q_2'，可按下式计算

$$Q_2' = 0.278V\rho_w C_p(t_n - t_w')$$

式中：ρ_w——供暖室外计算温度下的空气密度，kg/m^3；

C_p——冷空气的定压比热，$C_p=1\ kJ/(kg\cdot ℃)$；

0.278——单位换算系数，1 kJ/h=0.278 W。

二、用换气次数法计算冷风渗透耗热量

此法适用于民用建筑的概算法。

在工程设计中，也可按房间换气次数来估算该房间的冷风渗透耗热量。

$$Q_2' = 0.278n_k V_n \rho_w C_p(t_n - t_w')$$

式中：V_n——房间的内部体积，m^3；

n_k——房间的换气次数，次/小时，可按表 1—10 选用。

表 1—10 概算换气次数

房间外墙暴露情况	n_k	房间外墙暴露情况	n_k
一面有外窗或外门	1/4～2/3	三面有外窗或外门	1～1.5
二面有外窗或外门	1/2～1.0	门厅	2

注：制表条件为窗墙面积比约 20%，单层钢窗。当双层钢窗时，表中数值应乘 0.7。

三、用百分数法计算冷风渗透耗热量

此法常用于工业建筑的概算。

由于工业建筑房屋较高，室内外温差产生的热压较大，冷风渗透量可根据建筑物的高度及玻璃窗的层数，按表 1—11 列出的百分数进行估算。

表 1—11 渗透耗热量占围护结构总耗热量的百分数

玻璃窗层数	建筑物高度		
	<4.5	4.5～10.0	>10.0
	百分数%		
单层	25	35	40
单双层均有	20	20	35
双层	15	25	30

第五节　分户计量供暖热负荷计算

一、分户计量供暖热负荷

分户计量供暖系统设计的目的之一是提高用户的热舒适性。用户可以根据需要对室温进行自主调节，这就需要对不同需求的热用户提供一定范围的热舒适度的选择余地，因此分户计量供暖系统的设计室温比常规供暖系统有所提高。

目前，普遍认可的分户计量供暖系统的室内设计温度比现行国内标准高 2 ℃。按此规定设计热负荷会提高 7%～11%。

分户计量供暖系统有一定的自主选择室内供暖温度的功能。这就会出现在运行过程中由于人为节能所造成的邻户、邻室传热问题。对于某一用户而言，当其相邻用户室温较低时，由于热传递就有可能使该用户的室温达不到设计值。为了避免随机的邻户传热影响，房间热负荷必须考虑由于分室调温而出现的温度差而引起的邻户传热量，即户间传热量。因此在确定供暖设备容量时，采用的房间设计热负荷应为常规供暖房间设计热负荷与户间热负荷之和。目前《暖通规范》还未给出统一的户间传热量计算方法。一些地方规程中对此作了较具体的规定。总体来看，主要有两种计算方法：一种是按实际可能出现的温差计算传热量，然后考虑可能同时出现的概率；另一种方法是对房间按常规计算的外围护结构耗热量再乘以一个附加系数。第二种方法较简单，但是系数的确定有一定的困难。因户间隔断的建筑热工性能不同，不同房间的户间传热量不会与外围护结构传热量形成同一比例。因此目前使用第一种计算方法较多。

北京市《新建集中供暖住宅分户热计量设计技术规程》提供了户间传热量的计算原则：一是对于集中供暖用户，不采用地板供暖时，暂按 6 ℃温差计算户间楼板和隔墙的传热量，采用地板供暖时，暂按 8 ℃温差计算户间楼板和隔墙的传热量；二是采用分户独立热源的用户，因间歇供暖的可能性更大，户间传热负荷温差宜按 10%计算；三是以各户间传热量总和的适当比例作为户间总传热负荷，即考虑各户间出现传热温差的概率，一般可取 50%，而顶层或底层垂直方向因只向下或向上传热，故考虑较大概率，可取 70%～80%；四是户间传热量不宜大于房间基本供暖负荷的 80%。

天津市《集中供热住宅计量供暖设计规程》也对邻户传热量给出了明确的计算方法。规程规定户间热负荷只计算通过不同户之间的楼板和隔墙的传热量，而同一户不计算该项传热量，户间温差宜取 5～8 ℃。另外，考虑到户间各方向的热传递不是同时发生的，因此计算房间各方向热负荷之和后，应乘以一个概率系数（即同时发生系数）。

户间热负荷的产生本身存在许多不确定因素，而针对各种类型房间，即使供暖计算热负荷相同，由于相同外墙对应的户内面积不完全相同，计算出的户间热负荷相差很大。为了避免室内供暖设备选型过大造成不必要的浪费，同时为了尽量减小因户间热负荷的变化对供暖系统的影响，规定户间热负荷规定不应超过供暖计算热负荷的 50%。

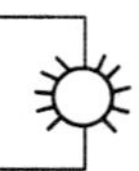

二、户间热负荷计算公式

（1）按传热面积计算户间热负荷的公式

$$Q = N\sum_{i=1}^{n}K_iF_i\Delta t$$

式中：Q——户间总热负荷，W；

K——户间楼板或隔墙的传热系数，W/(m^2·℃)；

F——户间楼板或隔墙的面积，m^2；

Δt——户间热负荷计算温差，℃，按面积传热计算时宜为 5 ℃；

N——户间各方向同时发生传热的概率系数。

当有一面可能发生传热的楼板或隔墙时，N 取 0.8；当有两面时，N 取 0.7；当有三面时，N 取 0.6；当有四面时，N 取 0.5。

（2）按体积热指标计算户间热负荷的公式

$$Q = \alpha q_n V\Delta tNM$$

式中：Q——户间总热负荷，W；

α——房间温度修正系数，一般为 3.3；

q_n——房间供暖体积热指标系数，一般取 0.5 W/(m^3·℃)；

V——房间轴线体积，m^3；

Δt——户间热负荷计算温差，℃，按体积传热计算时宜为 8 ℃；

N——户间各方向同时发生传热的概率系数（取值同上）；

M——户间楼板或隔墙数量修正率系数。

当有一面可能发生传热的楼板或隔墙时，M 取 0.25；当有两面时，M 取 0.5；当有三面时，M 取 0.75；当有四面时，M 取 1.0。

简化计算公式可写为：

当有一面可能发生传热的楼板或隔墙时，Q=2.64 V；

当有二面可能发生传热的楼板或隔墙时，Q=4.62 V；

当有三面可能发生传热的楼板或隔墙时，Q=5.94 V；

当有四面可能发生传热的楼板或隔墙时，Q=6.60 V。

这里要说明的是邻户传热温差，从理论角度考虑，是假设周围房间正常供暖的情况下，而在典型房间不供暖的条件下，按稳定传热条件经热平衡计算所得的值。不供暖房间的温差既受周围房间温度的影响，又受室外温度的影响，因此不同地区的邻户传热温差会有一定差异。实际上，即使在室外温度相同的情况下，由于各建筑物的节能情况、建筑单元的围护情况不同，邻户传热温差也不尽相同。而且邻户传热量的多少与邻户温差成正比，计算中究竟应该选取多大温差合适，必须经过较多工程的设计试算，并经运行调节加以验证才可得出相对可靠的计算方法。

第六节　高层建筑供暖设计热负荷计算方法

高层建筑由于高度增加，热压作用不容忽视。冷风渗透量受到风压和热压的综合作用。下面就介绍高层建筑冷风渗透量在综合作用下常用的计算方法。

一、热压作用

冬季建筑物内、外温度不同，由于空气的密度差，室外空气从底层一些楼层的门窗缝隙进入，通过建筑物内部楼梯间等竖直贯通通道上升，然后从顶层一些楼层的门窗缝隙排出。这种引起空气流动的压力称为热压。

假设沿建筑物各层完全畅通，热压主要由室外空气与楼梯间等竖直贯通通道空气之间的密度差造成。建筑物内、外空气密度差和高度差形成的理论热压，可按下式计算

$$p_r = (h_z - h)(\rho_w - \rho_n')g$$

式中：p_r——理论热压，Pa；

ρ_w——供暖室外计算温度下的空气密度，kg/m³；

ρ_n'——形成热压的室内空气柱平均密度，kg/m³；

h——计算高度，指计算层门、窗中心距离室外地坪的高度，m；

h_z——中和面高度，指室内外压差为零的界面，通常在纯热压作用下取建筑物高度的一半，m。

上式规定，热压差为正值时，室外压力高于室内压力，冷风由室外渗入室内。图1－6中直线1表示建筑物楼梯间及竖直贯通通道的理论热压分布线。

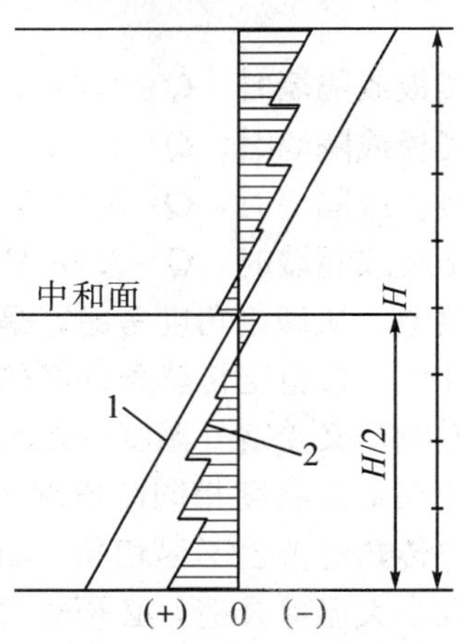

1－楼梯间及竖井热压分布图；2－各层外窗热压分布图

图1－6　热压作用原理图

建筑物外门、窗缝隙两侧的热压差只是理论热压 p_r 的一部分，其大小与建筑物内部贯通通道的布置、通气状况以及门窗缝隙的密封性有关，即与空气由渗入到渗出的阻

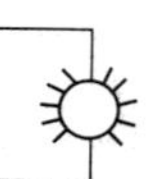

力分布有关。为了确定外门窗两侧的有效作用热压差，引入热压差有效作用系数（简称热压差系数）C_r。它表示有效热压差 Δp_r 与相应高度上的理论热压差 p_r 的比值。

$$\Delta p_r = C_r p_r = C_r(h_z - h)(\rho_w - \rho_n')g$$

热压差系数 C_r 值与建筑物内部隔断及上下通风状况有关，即与空气从底层部分渗入而从顶层部分渗出的流通路程的阻力状况有关。热压差系数 C_r 一般为 0.2～0.5。

二、风压作用

高层建筑冷风渗入量计算还应考虑风速随建筑物高度变化而变化。风速随高度增加的变化规律为

$$V_h = V_0 \left(\frac{h}{h_0}\right)^a$$

式中：V_h——高度 h 处的风速（室外地坪起算），m/s；

V_0——高度 h_0 处的风速（预报值），m/s；

a——幂指数，与地面的粗糙度有关，取 $a=0.2$。

气象部门及规范中提供的风速均为基准高度 10 m 处的风速，故上式可整理为

$$V_h = V_0 \left(\frac{h}{10}\right)^{0.2} = 0.631h^{0.2}V_0$$

当风吹过建筑物时，空气经过迎风面方向的门窗缝隙渗入，而从背风面的缝隙渗出。冷风渗透量取决于门窗两侧的风压差。门窗两侧的风压差 Δp_f 与空气穿过该楼层整个流动途径的阻力状况和风速本身所具有的能量 p_f 有关。可用下式表示

$$p_f = \frac{\rho}{2}V^2$$

$$\Delta p_f = C_f p_f = C_f \frac{\rho}{2}V^2$$

式中：V——风速，m/s；

ρ——空气密度，kg/m^3；

p_f——理论风压，指恒定风速的气流所具有的动压，Pa；

Δp_f——由于风力作用，促使门窗缝隙产生空气渗透的有效作用压差，简称风压差，Pa；

C_f——作用于门窗上的风压差相对于理论风压的百分数，简称风压差系数。

当风垂直吹到墙面上，且建筑物内部气流流通阻力很小的情况下，风压差系数的最大值，可取 $C_f=0.7$。当建筑物内部气流阻力很大时，风压差系数可取 C_f 为 0.3～0.5。

建筑物高度 h 处的风压差可表示为

$$\Delta p_f = C_f \frac{\rho_w}{2}V_h{}^2$$

门窗两侧作用压差 Δp 与单位缝隙长渗透空气量 L 之间的关系，通过实验确定，表达式为

$$L = a\Delta p^b$$

式中：a，b——与门窗构造有关的特性系数，可查阅暖通手册。

计算中，通常以冬季平均风速 V_0 作为计算基准。

第七节　热负荷计算软件简介

该软件是辐射供暖系统的辅助设计软件。通过该软件，能准确计算目标施工区域房间负荷大小，输出详细的计算书，是系统设计人员的得力助手，是相关领域国内领先的设计软件。

一、软件安装

点击安装文件图标进行安装。

(1) 运行安装文件后出现语言选择界面（如图 1—7 所示）。

图 1—7　语言选择界面

(2) 点击“OK”，出现如下界面（如图 1—8 所示）。

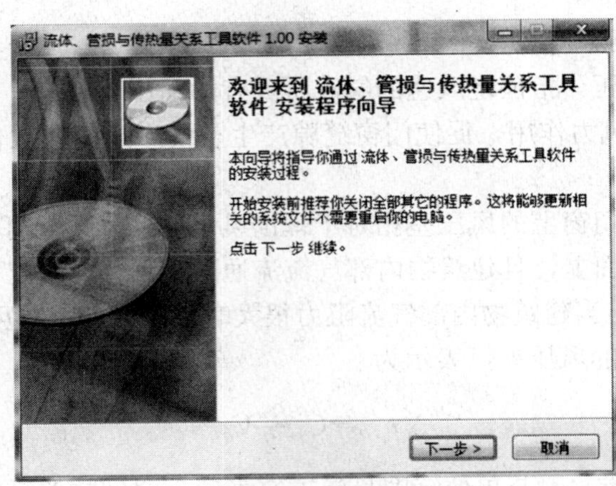

图 1—8　安装向导界面 1

(3) 点击下一步，选择选型软件的安装路径。系统默认的安装路径是 C：\ Program Files \ hdy \ 流体、管损与传热量关系工具软件，用户可以通过单击“浏览”选择新的

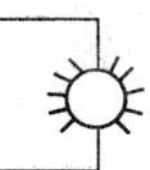

安装文件夹（如图 1－9 所示）。

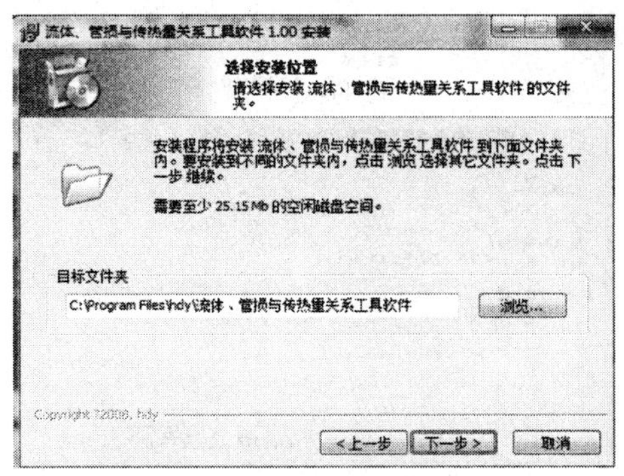

图 1－9　**安装向导界面** 2

（4）选择程序管理器程序组（如图 1－10 所示）。

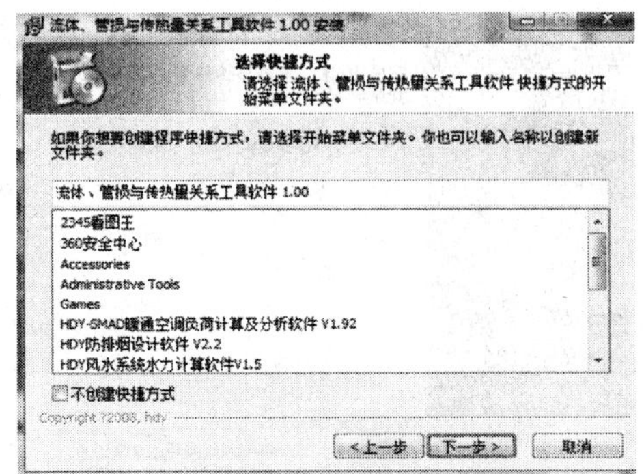

图 1－10　**安装向导界面** 3

（5）选择是否创建快捷方式，准备安装（如图 1－11 所示）。

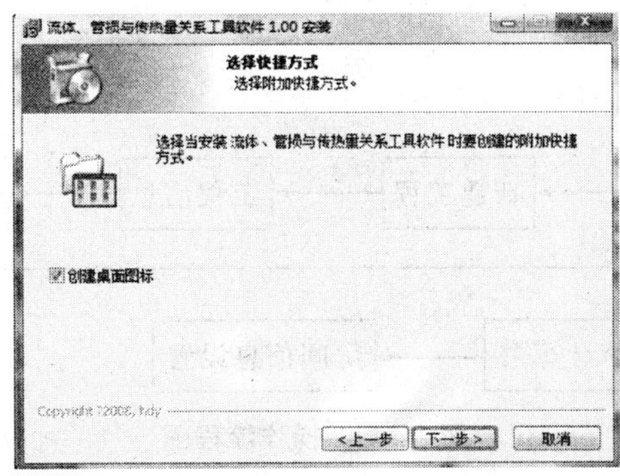

图 1－11　**安装向导界面** 4

(6) 确认安装，开始安装流体、管损与传热量关系工具软件（如图 1－12 所示）。

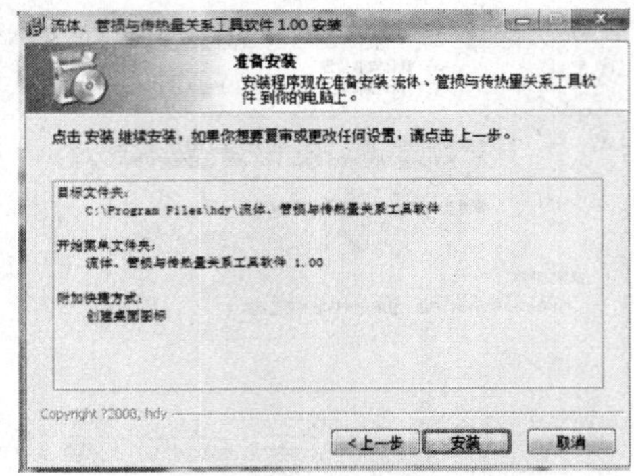

图 1－12　**安装向导界面** 5

(7) 提示安装完成（如图 1－13 所示）。

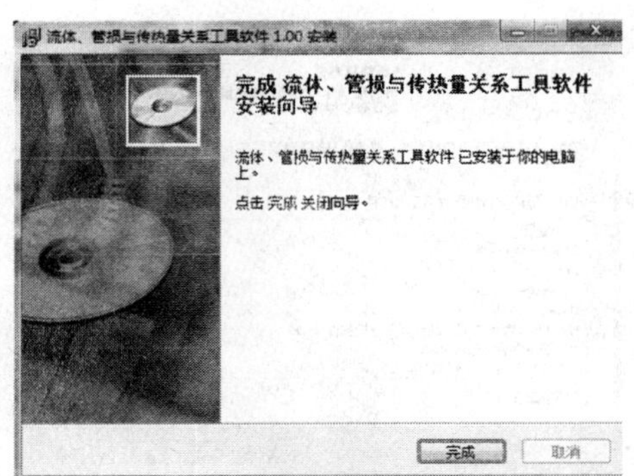

图 1－13　**安装向导界面** 6

二、软件操作界面简介

1. 操作流程

该软件的操作流程如图 1－14 所示。

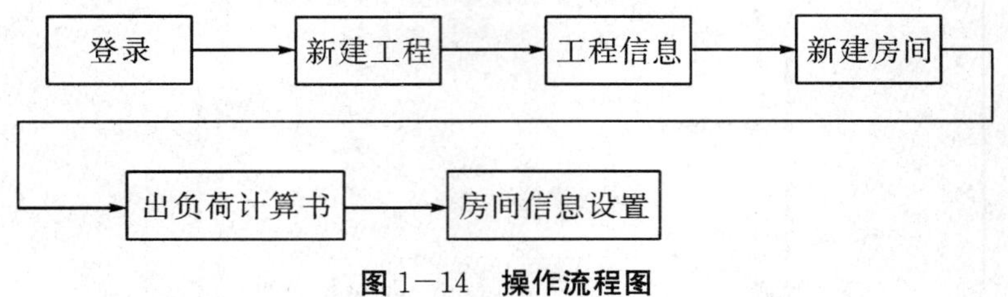

图 1－14　**操作流程图**

2. 进入软件界面

点击应用程序，运行软件，进入登录界面，输入登录信息，如图 1－15 所示。

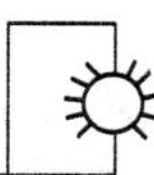

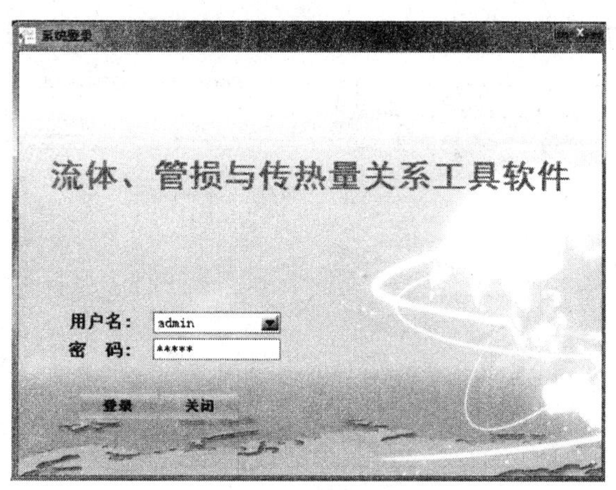

图 1—15　**登录界面**

3. 软件界面简介

软件主要由主界面、工程信息以及建筑信息几大模块组成，如图 1—16 所示。

图 1—16　**几大模块**

主界面：包含了历史工程的相关信息，如图 1—17 所示，这里可以选择新建工程或打开工程。

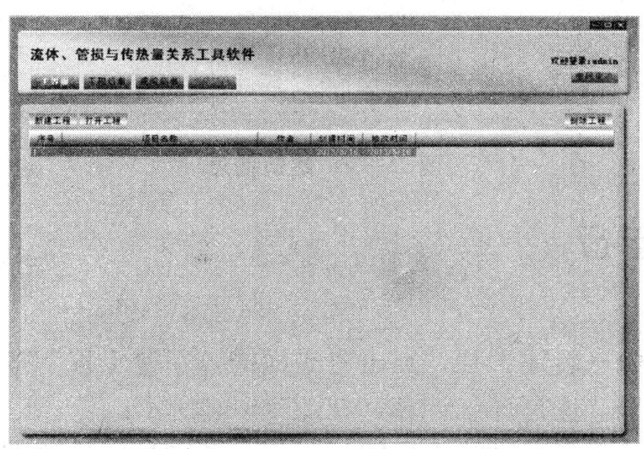

图 1—17　**主界面**

若要删除某工程，可以选中工程，按“删除工程”即可。

工程信息：包含所做工程的概括信息（工程信息、配置、备注）。如图 1—18 所示。

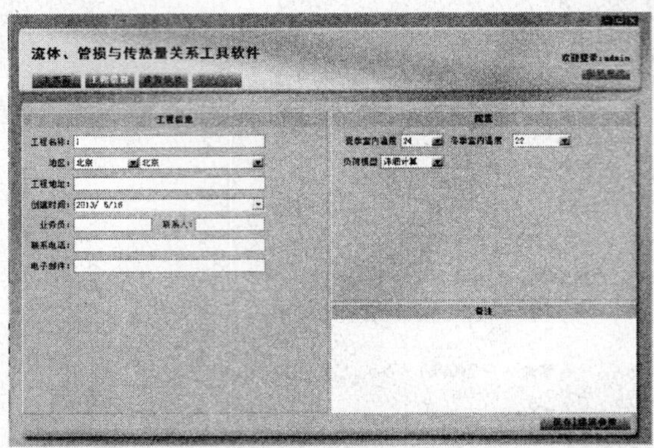

图 1—18　工程信息

建筑信息：包含了围护结构等房间的基本信息。如图 1—19 所示。

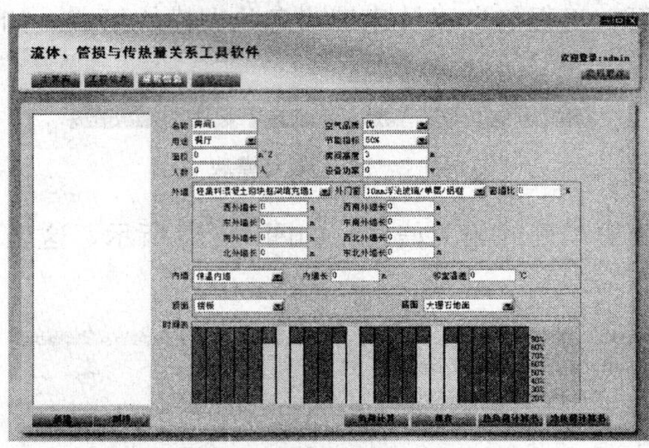

图 1—19　建筑信息

三、软件的运行

1. 新建工程

界面操作：主界面→新建工程，点击主界面的“新建工程”按钮，跳转至工程信息界面。配置→负荷模型，选择详细计算，如图 1—20 所示。

详细计算：详细计算是通过输入房间的面积，各围护结构的朝向、面积以及材料等相关信息，精确的计算出该房间的负荷。

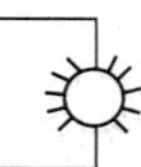

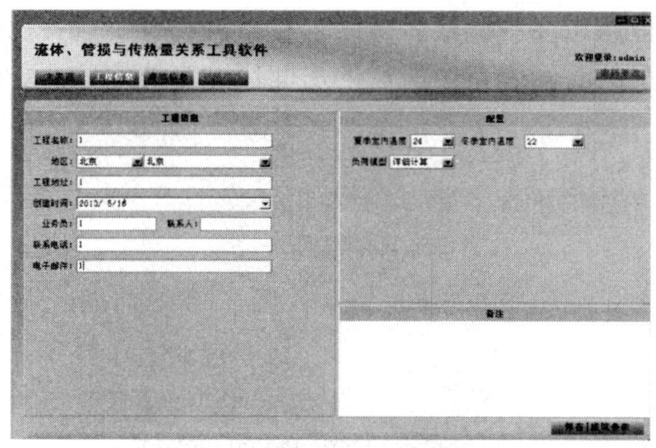

图 1—20　详细计算工程信息

工程信息：可设置工程名称、所在城市、创建时间、联系人及联系方式等。

配置信息：选择负荷计算的类型、室内设计温度等。

备注：用于对工程信息的注解说明。

待上面的信息输入完成之后，点击“保存”按钮，跳转到详细计算建筑信息界面，如图 1—21 所示。

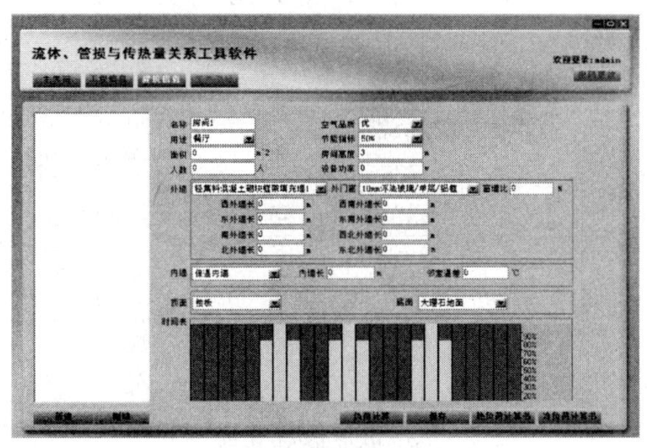

图 1—21　建筑信息输入框

点击“新建”按钮，在左侧会出现房间名称的列表，如图 1—22 所示。

图 1—22　房间名称列表

若要从列表删除某个房间，可以选中该房间，点击“删除”。

根据实际项目的信息，在右侧输入房间名称、大小等，选择房间用途、围护结构的材料等相关信息。这里的时间表是由所选的房间用途来决定的。如图 1－23 所示。

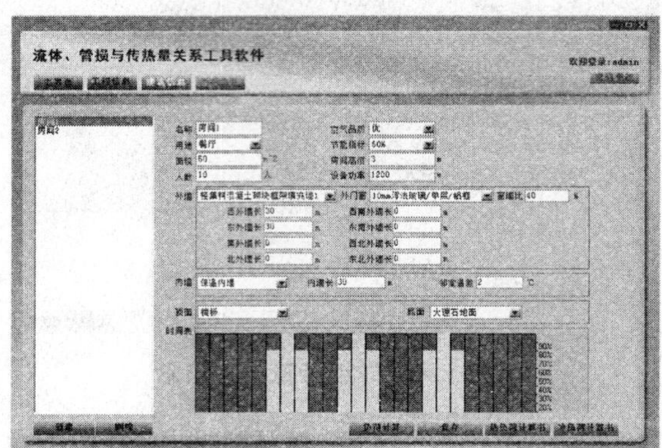

图 1－23　详细计算房间信息

房间信息输完之后，点击“保存”。

工程信息输入完毕，可以点击“负荷计算”来计算某个房间的冷、热负荷，或者点击“热负荷计算书”/“冷负荷计算书”，得到房间负荷统计结果报表。如图 1－24 所示。

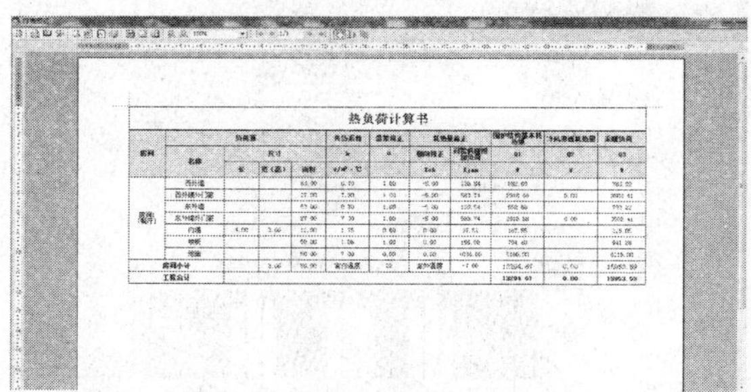
热负荷计算书

(a) 热负荷计算书

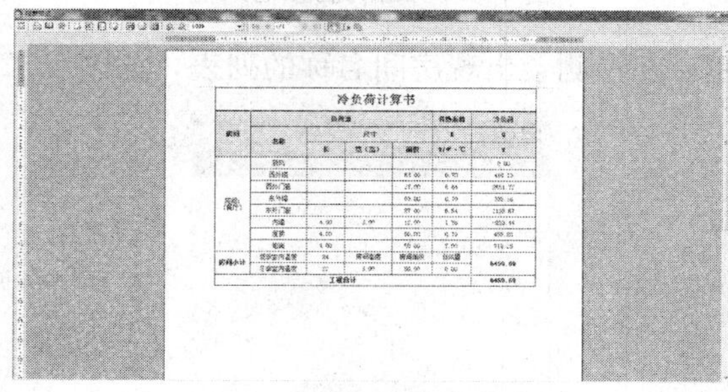
冷负荷计算书

(b) 冷负荷计算书

图 1－24　冷、热负荷计算书

简单计算：

简单计算是通过输入房间的面积，通过选取房间的用途，用面积指标来较粗略地计

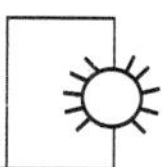

算出该房间的负荷。

点击“工程信息→配置→负荷类型”，选择简单计算，如图 1-25 所示。

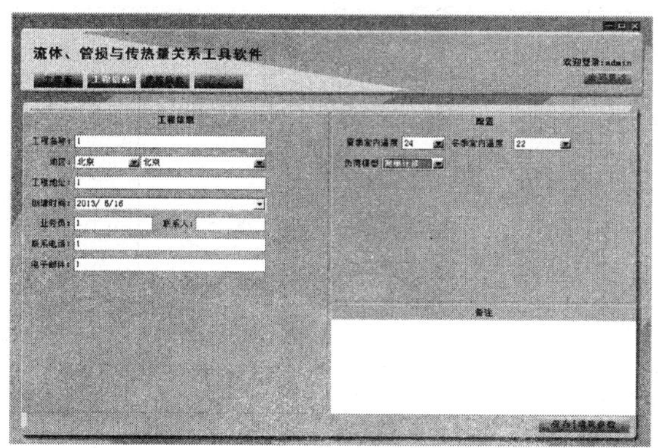

图 1-25　简单计算工程信息 1

点击“保存”，跳转为简单计算的建筑信息界面。如图 1-26 所示。

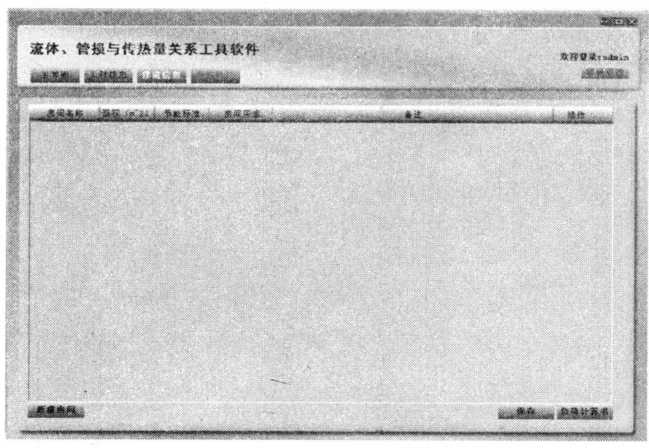

图 1-26　简单计算工程信息 2

点击“新建房间”，输入房间相关信息。如图 1-27 所示。

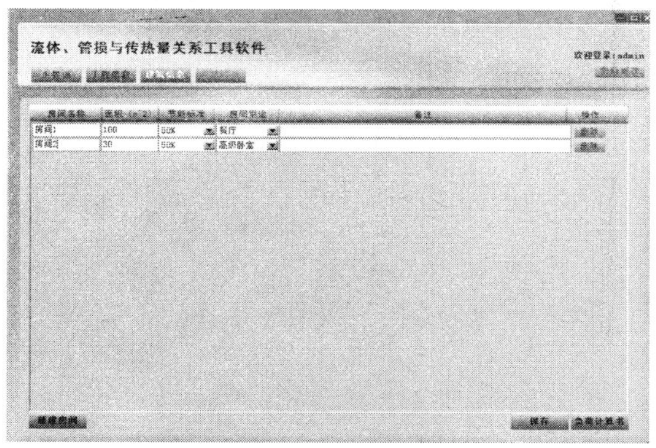

图 1-27　简单计算房间信息 3

输入完成，可以点击“保存”或者“删除”对房间进行管理。

点击“负荷计算书”，即可得到整个建筑的负荷统计计算书，如图 1—28 所示。

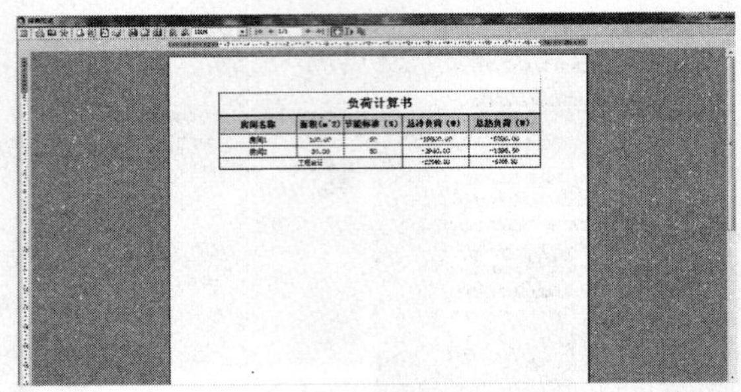

图 1—28　负荷计算书

思考与练习

1. 什么是供暖系统的热负荷?
2. 围护结构的基本耗热量应如何计算?
3. 围护结构附加（修正）耗热量一般包括哪些方面?
4. 高层建筑供暖设计热负荷的计算一般有哪些方法?

第二章　热水供暖系统

供暖就是用人工方法向室内供给热量，使室内保持一定的温度，以创造适宜的生活条件或工作条件的技术。供暖系统由热源（热媒制备）、热循环系统（管网或热媒输送）及散热设备（热媒利用）三个主要部分组成。图 2－1 是一个最简单的集中供暖系统。

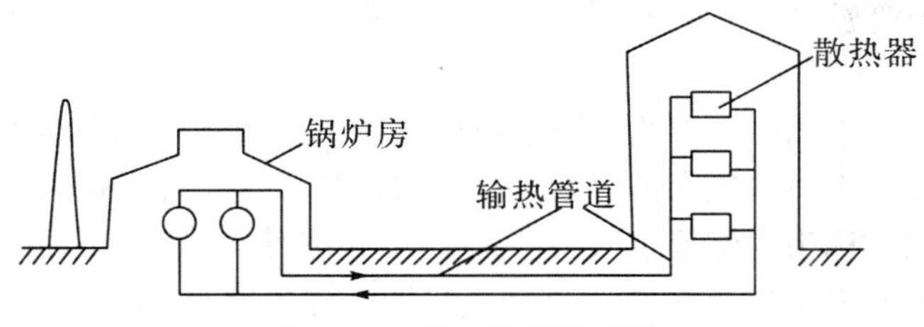

图 2－1　集中供暖示意图

（1）热源：热的发生器，用于产生热量，是供暖系统中供应热量的来源。热源目前有以下几种：锅炉房、热电厂、工业余热、核能、太阳能和地热等。

（2）热循环系统：用于进行热量输送的管道及设备，是热量传递的通道。

（3）散热设备：用于将热量传递到室内的设备，是供暖系统中的负荷设备。我国使用较多的散热设备有散热器、暖风机和辐射板 3 类。

在供暖系统中，承担热量传输的物质称为热媒。常用的热媒有水和蒸汽两种。

供暖系统的基本工作原理：低温热媒在热源中被加热，吸收热量后，变为高温热媒（高温水或蒸汽），经输送管道送往室内，通过散热设备放出热量，使室内温度升高；散热后温度降低，变成低温热媒（低温水），再通过回收管道返回热源，进行循环使用。如此不断循环，从而不断将热量从热源送到室内，以补充室内的热量损耗，使室内保持一定的温度。

根据所使用的热媒的不同，供暖系统可分为热水供暖系统和蒸汽供暖系统。

（1）热水供暖：以热水为热媒的供暖系统，按热水温度的不同，又可再分为低温热水供暖系统（水温低于 100 ℃）和高温热水供暖系统（水温高于 100 ℃）两种；根据循环动力的不同，分为自然循环系统和机械循环系统。

（2）蒸汽供暖：以蒸汽作为热媒的供暖系统，它又可分为低压蒸汽供暖系统（气压不大于 70 kPa）、高压蒸汽供暖系统（气压大于 70 kPa）和真空蒸汽供暖系统（气压低于大气压力）三种。

第一节 热水供暖系统的分类

按系统循环动力的不同，热水供暖系统可分为自然循环系统和机械循环系统。靠流体的密度差进行循环的系统，称为“自然循环系统”；靠外加的机械（水泵）力循环的系统，称为“机械循环系统”。

根据供、回水方式的不同，热水供暖系统可分为单管系统和双管系统。热水经立管或水平供水管顺次流过多组散热器，并顺次地在各散热器中冷却的系统，称为单管系统。热水经供水立管或水平供水管平行地分配给多组散热器，冷却后的回水自每个散热器直接沿回水立管或水平回水管流回热源的系统，称为双管系统。

根据系统主干管敷设方式的不同，可分为垂直式系统和水平式系统（又称为分户计量系统）。

根据热媒温度的不同，可分为低温水供暖系统和高温水供暖系统。

各个国家对低温水与高温水的界限，都有自己的规定。在我国，习惯认为，低于或等于100 ℃的热水，称为“低温水”；超过100 ℃的热水，称为“高温水”。室内热水供暖系统，大多采用低温水作为热媒。设计供、回水温度多采用95 ℃/70 ℃（也有采用85 ℃/60 ℃）。高温水供暖系统一般宜在生产厂房中应用。设计供、回水温度大多采用120～130 ℃/70～80 ℃。

第二节 自然循环热水供暖系统

一、自然循环热水供暖系统的工作原理

图2－2是自然循环热水供暖系统工作原理图。一根供水管和一根回水管把锅炉与散热器相连接。在系统的最高处连接一个膨胀水箱，用它容纳水在受热后膨胀而增加的体积。

在系统工作之前，先将系统中充满冷水。当水在锅炉内被加热后，密度减小，同时受到从散热器流回来密度较大的回水的驱动，使热水沿供水干管上升，流入散热器。在散热器内水被冷却，再沿回水干管流回锅炉。这样形成如图2－2中箭头所示的循环流动。

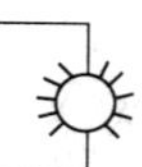

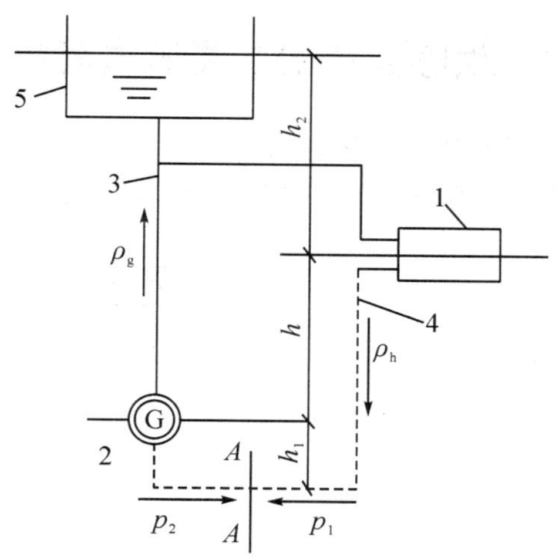

1—散热器；2—热水锅炉；3—供水管路；4—回水管路；5—膨胀水箱

图 2—2　自然循环热水供暖系统工作原理图

在热水供暖系统中，促使热水循环流动的压力，称为系统作用压力。在不同的系统中，作用压力是不同的。

自然循环热水供暖系统的循环作用压力的大小，取决于水温（水的密度）在循环环路的变化状况。为了简化分析，先不考虑水在沿管路流动时因管壁散热而使水不断冷却的因素，也就是说水温不在管路中变化，只在锅炉和散热器两处发生变化，以此来计算循环作用压力的大小。

在图 2—2 中，假设循环环路最低点的断面 $A-A$ 处有一个假想阀门，若突然将阀门关闭，则在断面 $A-A$ 两侧受到不同的水柱压力。这两方所受到的水柱压力差就是驱使水在系统内进行循环流动的作用压力。

设 p_1 和 p_2 分别表示 $A-A$ 断面右侧和左侧的水柱压力，则

$$p_1 = h_0\rho_h g + h\rho_h g + h_1\rho_g g$$

$$p_2 = h_0\rho_h g + h\rho_g g + h_1\rho_g g$$

断面 $A-A$ 两侧之差值，即系统的循环作用压力，为

$$\Delta p = p_1 - p_2 = gh(\rho_h - \rho_g) \tag{2-1}$$

式中：Δp——自然循环系统的作用压力，Pa；

h——冷却中心至加热中心的垂直距离，m；

g——重力加速度，m/s^2，取 9.8 m/s^2；

ρ_h——回水密度，kg/m^3；

ρ_g——供水密度，kg/m^3。

由式（2—1）可知：起循环作用的只有散热器中心和锅炉中心之间这段高度内的水柱密度差。如供水温度为 95 ℃，回水温度为 70 ℃，则每米高差可产生的作用压力为：$gh(\rho_h-\rho_g)=9.8\times1\times(977.81-961.92)=156$（Pa），即 15.9 mm 水柱。

二、自然循环热水供暖系统的主要形式及作用压力

（一）自然循环热水供暖系统的主要形式

自然循环热水供暖系统主要分双管和单管两种形式，如图 2－3 所示。

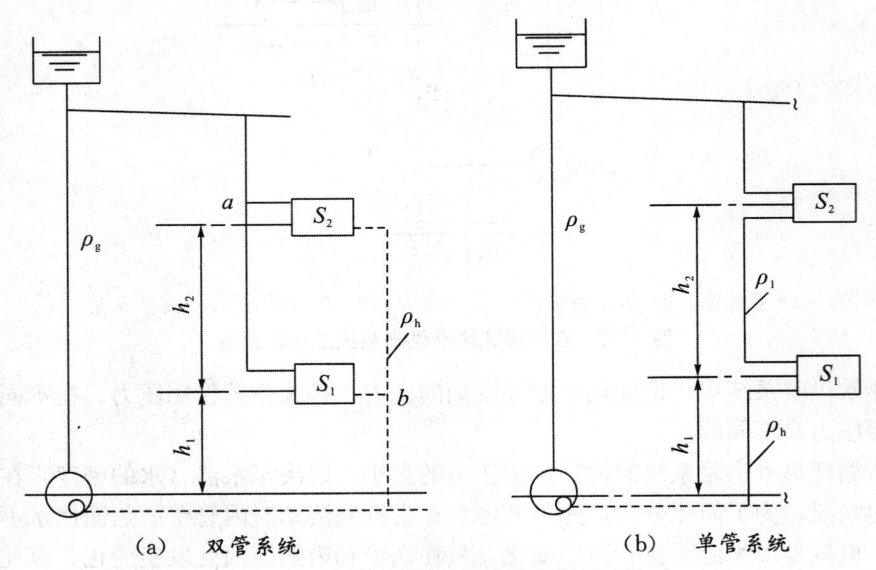

图 2－3 热水自然循环双管和单管系统

图 2－3（a）是双管上供下回式系统。散热器的供水管和回水管分别设置时，叫做“双管系统”；热水干管敷设高度在所有散热器之上，故称之为“上供下回式”。其特点是：各层散热器都并联在供、回水立管上，热水直接经供水干管、立管进入各层散热器，冷却后的回水，经回水立管、干管直接流回锅炉，如果不考虑水在管道中的冷却，则进入各层散热器的水温相同。通过上层散热器环路的作用压力比下层环路的大。

在双管自然循环系统中，虽然各层散热器的进出水温相同（忽略水在管路中的沿途冷却），但由于各层散热器到锅炉之间的垂直距离不同，就形成了上层散热器环路作用压力大于下层散热器环路的作用压力。如果选用不同管径仍不能使上下各层阻力平衡，流量就会分配不均匀，必然会出现上层过热、下层过冷的垂直失调问题。楼层越多，垂直失调问题就越严重。所以，进行双管系统的水力计算时，必须考虑各层散热器的自然循环作用压力差。

散热器的供回水立管共用一根管时，叫做“单管系统”。图 2－3（b）是单管上供下回式系统示意图。单管系统的特点是：热水送入立管后，由上向下顺序流过各层散热器，水温逐层降低，各组散热器串联在立管上。每根立管（包括立管上各层散热器）与锅炉、供回水干管形成一个循环环路，各立管环路是并联关系。

但实际上，水的温度和密度在沿途是不断变化的，散热器的实际进水温度比上述假设的情况下的水温低，这会增加系统的循环作用压力。

自然循环热水供暖系统虽然维修、管理简单，操作方便，运行时无噪声，不需要消

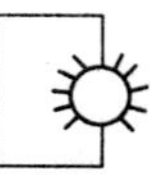

耗电能；但由于作用压力小、管中水流动速度不大，因此管径就相对要大一些，作用半径也受到限制，一般不超过 50 m。

为了克服单管式不能单独调节热媒流量，和下层散热器热媒入口温度过低的弊病，于是又产生了单管跨越式系统。热水在散热器前分成两部分：一部分流入散热器，另一部分流入散热器进出口之间的跨越管内。

（二）自然循环系统作用压力

1. 自然循环热水供暖双管系统作用压力的计算

在图 2-3（a）的双管系统中，由于供水同时在上、下两层散热器内冷却，形成了两个并联环路和两个冷却中心。它们的作用压力分别为

$$\Delta p_1 = gh_1(\rho_h - \rho_g)$$

$$\Delta p_2 = g(h_1 + h_2)(\rho_h - \rho_g) = \Delta p_1 + gh_2(\rho_h - \rho_g)$$

式中：Δp_1——通过底层散热器环路的作用压力，Pa；

Δp_2——通过上层散热器环路的作用压力，Pa。

由上式可知，通过上层散热器环路的作用压力比通过底层散热器的大，其差值为 gh_2（$\rho_h - \rho_g$）。因而在计算上层环路时，必须考虑这个差值。

由此可见，在双管系统中，由于各层散热器与锅炉的高差不同，虽然进入和流出各层散热器的供、回水温度相同（不考虑管路沿途冷却的影响），也将形成上层作用压力大、下层作用压力小的现象。如选用不同管径仍不能使各层阻力损失达到平衡，由于流量分配不均，必然要出现上热下冷的现象。

在供暖建筑物内，同一竖向的各层房间的室温不符合设计要求的温度，而出现上、下层冷热不匀的现象，通常称作系统垂直失调。由此可见，双管系统的垂直失调，是由于通过各层的循环作用压力不同而出现的；而且楼层数越多，上下层的作用压力差值越大，垂直失调就会越严重。

2. 自然循环热水供暖单管系统的作用压力的计算

（1）计算公式的导出。在如图 2-4 所示的上供下回单管式系统中，散热器 S_2 和 S_1 串联。由图可见，引起自然循环作用压力的高差是 $h_1 + h_2$，冷却后水的密度分别为 ρ_2 和 ρ_h，其循环作用压力值为

$$\Delta p = gh_1(\rho_h - \rho_2) + gh_2(\rho_2 - \rho_g)$$

或

$$\Delta p = g(h_1 + h_2)(\rho_2 - \rho_g) + gh_1(\rho_h - \rho_2) = gH_2(\rho_2 - \rho_g) + gH_1(\rho_h - \rho_2)$$

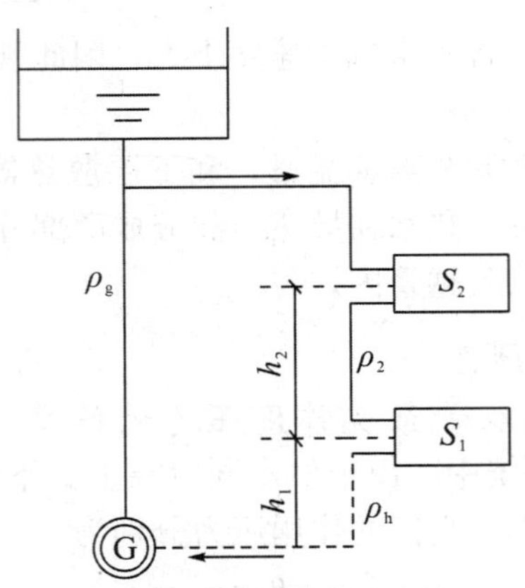

图 2-4 单管系统原理图

同理，若循环环路中有 N 组串联的冷却中心（散热器）时，其循环作用压力可用下面一个通式表示

$$\Delta p = \sum_{i=1}^{N} gh_i(\rho_i - \rho_g) = \sum_{i=1}^{N} gH_i(\rho_i - \rho_{i+1})$$

式中：N——在循环环路中，冷却中心的总数；

i——表示 N 个冷却中心的顺序数，令沿水流方向最后一组散热器为 $i=1$；

ρ_g——供暖系统供水的密度，kg/m³；

h_i——从计算冷却中心 i 到 $i-1$ 之间的垂直距离，m，当计算的冷却中心 $i=1$（沿水流方向最后一组散热器）时，h_i 表示与锅炉中心的垂直距离，m；

ρ_i——流出所计算的冷却中心水的密度，kg/m³；

H_i——从计算的冷却中心到锅炉中心之间的垂直距离，m；

ρ_{i+1}——进入所计算的冷却中心 i 的水的密度，kg/m³（当 $i=N$ 时，$\rho_i=\rho_{i+1}$）。

由作用压力计算公式可知，单管热水供暖系统的作用压力与水温变化、加热中心到冷却中心的高度差以及冷却中心的个数等因素有关。

每一根立管只有一个自然循环作用压力，而且即使最底层的散热器低于锅炉中心（h_1 为负值），也可能使水循环流动。

（2）立管水温的计算。为了计算单管系统自然循环作用压力，需要求出各个冷却中心之间管路中水的密度 ρ_i，也就是首先要确定各散热器之间管路的水温 t_i。

现以图 2-5 为例，设供、回水温度分别为 t_g、t_h。建筑物为三层（$N=3$），每层散热器的散热量分别为 Q_1、Q_2、Q_3，即立管的热负荷为

$$\sum Q = Q_1 + Q_2 + Q_3$$

通过立管的流量，按其所担负的全部热负荷计算，可用下式确定

$$G_L = \frac{A\sum Q}{C(t_g - t_h)} = \frac{3.6\sum Q}{4.187(t_g - t_h)} = 0.86\frac{\sum Q}{(t_g - t_h)}$$

式中：G_L——立管流量，kg/h；

$\sum Q$——立管的总负荷，Z；

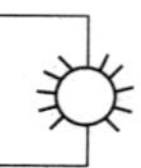

t_g、t_h——立管的供、回水温度，℃；

C——水的热容量，$C=4.187$ kJ/(kg·℃)；

A——单位换算系数（1 W=1 J/s=3.6 kJ/h）。

流出某一层（如第二层）散热器的水温为 t_2，根据上述热平衡方式，可按下式计算

$$G_L = 0.86\frac{Q_1 + Q_2 + Q_3}{t_g - t_2}$$

又立管流量不变，故有

$$0.86\frac{Q_1 + Q_2 + Q_3}{t_g - t_2} = 0.86\frac{\sum Q}{t_g - t_h}$$

整理得

$$t_2 = t_g - \frac{Q_2 + Q_3}{\sum Q}(t_g - t_h)$$

写成通式为（串联 N 组做热器的系统，令沿水流动方向最后一组散热器为 $i=1$）

$$t_i = t_g - \frac{\sum_i^N Q_i}{\sum Q}(t_g - t_h)$$

式中：t_i——流出第 i 组散热器的水温，℃；

$\sum_i^N Q_i$——沿水流动方向，在第 i 组（包括第 i 组）散热器前的全部散热器的散热量，W；

上式表明：任意管段的水温，等于供暖系统供水温度减去该管段前所有散热量之和与立管总热负荷之比与供、回水温差之积。

当管路中各管段的水温 t_i 确定后，相应可确定其密度 ρ_i 值。即可求出单管系统自然循环系统的作用压力值。

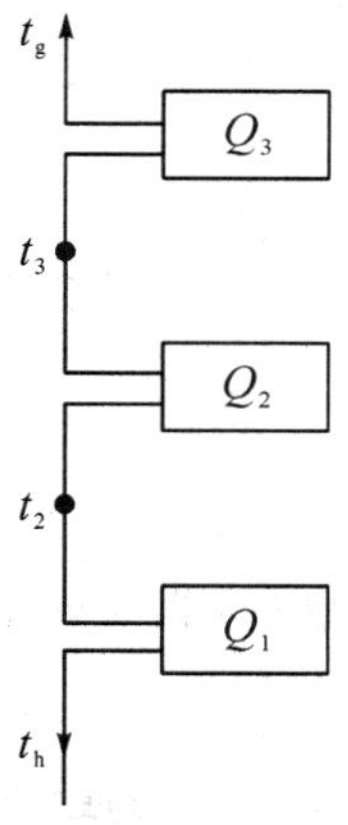

图 2—5　单管热水供暖系统散热器出口水温计算示意图

单管系统与双管系统相比，除了作用压力计算不同外，各层散热器的平均进出水温度也是不相同的。越向下层，进水温度越低，因而各层散热器的传热系数 K 值也不相

等。由于这个影响，单管系统立管的散热器总面积一般比双管系统的稍大些。

在单管系统运行期间，当立管的供水温度或流量不符合设计要求时，也会出现垂直失调现象。但在单管系统中，影响垂直失调的原因，不是像双管系统那样由于各层作用压力不同造成的，而是由于各层散热器的传热系数 K 随各层散热器平均计算温度差的变化程度不同而引起的。

第三节　机械循环热水供暖系统

机械循环热水供暖系统与自然循环系统的主要差别是在系统中设置了循环水泵，靠水泵的机械能，使水在系统中强制循环。由于设置了循环水泵，增加了系统的经常运行电费和维修工作量；但由于水泵所产生的作用压力很大，因而供暖范围可以扩大到多幢建筑，甚至发展为区域热水供暖系统。

机械循环热水供暖系统的主要形式分为垂直式和水平式。其中垂直式系统按供、回水干管布置位置不同，又分为上供下回式双管系统和单管系统、下供下回式双管系统、中供式系统、下供上回式（倒流式）系统、混合式系统等。

一、上供下回式单管和双管热水供暖系统

图 2-6 所示为机械循环上供下回式热水供暖系统。与自然循环相比，它增加了循环水泵、排气装置，另外膨胀水箱的连接位置、供水干管的坡向也不同。

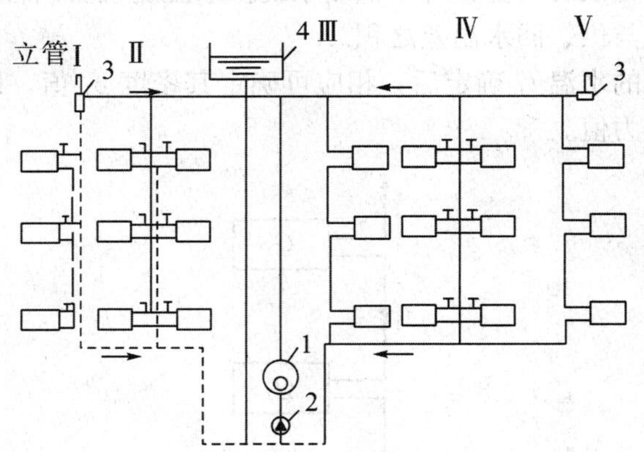

1—热水锅炉；2—循环水泵；3—集气装置；4—膨胀水箱

图 2-6　机械循环上供下回式热水供暖系统

在机械循环系统中，要注意解决以下几个主要问题。

（1）排气问题。机械循环系统中的水流速度常超过从水中分离出来的空气气泡的浮升速度。为了使气泡不被带入立管，不允许水和气泡逆向流动。因此，供水干管上应按水流方向设上升坡度，使气泡随水流方向汇集到系统最高点，通过设在最高点的排气装置，将空气排出系统外。回水干管坡向与自然循环相同。供、回水干管的坡度为

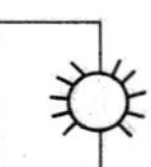

0.003，不得小于0.002。

（2）水泵连接点。水泵应装在回水总管上，使水泵的工作温度相对降低，改善水泵的工作条件，延长水泵的使用寿命。这种连接方式，还能使系统内的高温部分处于正压状态，不致使热水因压力过低而汽化，有利于系统正常工作。

（3）膨胀水箱的连接点与安装高度。对热水供暖系统，当系统内水的压力低于热水水温对应的饱和压力或者出现负压时，会出现热水汽化、吸入空气等问题，从而破坏系统运行。系统内压力最不利点往往出现在最远立管的最上层用户上。为避免出现上述情况，系统内需要保持足够的压力。由于系统内热水都是连通在一起的，只要把系统内某一点的压力恒定，则其余点的压力也自然得以恒定。因此，可以选定一个定压点，根据最不利点的压力要求，推算出定压点要求的压力，这样就可以解决系统的定压问题。通常定压点选择在循环水泵的进口侧，定压装置由膨胀水箱兼任。根据要求的定压压力确定膨胀水箱的安装高度，系统工作时，维持膨胀水箱内的水位高度不变，则整个系统的压力得到恒定。在机械循环系统中，膨胀水箱既有排气作用，又有定压的作用。

在机械循环系统中，系统的主要作用压力由水泵提供，但自然压头仍然存在。单、双管系统在自然循环系统中的特性，在机械循环系统中同样会反映出来，即双管系统存在垂直失调和单管系统不能局部调节、下层水温较低等。在实际工作中，仍以单管顺流式采用居多。

上供下回式系统管道布置合理，是最常用的一种布置形式。

二、机械循环下供下回式系统

机械循环下供下回式系统如图2-7所示。该系统一般适用于平屋顶建筑物的顶层难以布置干管的场合，以及有地下室的建筑。当无地下室时，供、回水干管一般敷设在底层地沟内。与上供下回式系统相比，它有如下特点：

（1）在地下室布置供水干管，管路直接散热给地下室，无效热损失小。

（2）在施工中，每安装好一层散热器即可开始供暖，给冬季施工带来很大方便。

（3）系统的供回水干管都敷设在底层散热器下面，系统内空气的排除较为困难。

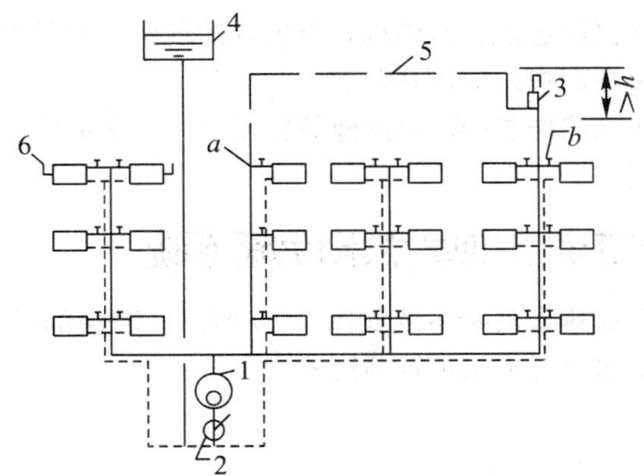

1—热水锅炉；2—循环水泵；3—集气罐；4—膨胀水箱；5—空气管；6—冷风阀

图2-7　机械循环下供下回式系统

排气方法主要有两种：一种是通道顶层散热器的冷风阀手动分散排气，另一种是通过专设的空气管手动或集中自动排气。从散热器和立管排出的空气，沿空气管送到集气装置，定期排出系统外。集气装置的连接位置，应比水平空气管低 h 米以上，即应大于图中 a 和 b 两点在供暖系统运行时的压差值，否则位于上部空气管内的空气不能起到隔断作用，立管水会通过空气管串流。因此，通过专设空气管集中排气的方法，通常只在作用半径小或系统压降小的热水供暖系统中应用。

三、机械循环中供式热水供暖系统

机械循环中供式热水供暖系统如图 2-8 所示。水平供水干管敷设在系统的中部。

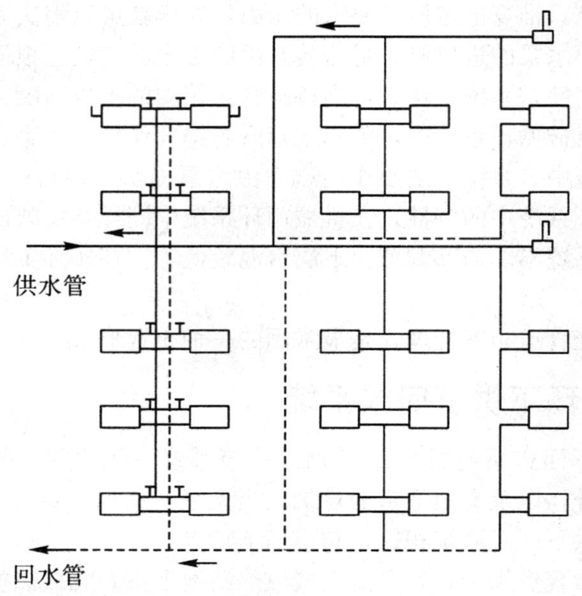

图 2-8　机械循环中供式热水供暖系统

上部系统可用上供下回式，也可用下供下回式；下部系统则用上供下回式。中供式系统减轻了上供下回式楼层过多、易出现垂直失调的现象，同时可避免顶层梁底高度过低，使供水干管挡住顶层窗户，妨碍其开启。

中供式系统可用于加建楼层的原有的建筑物或“品”字形建筑（上部建筑面积少于下部建筑面积）的供暖上。

四、机械循环下供上回式热水供暖系统

机械循环下供上回式热水供暖系统如图 2-9 所示。系统的供水干管设在下部，回水干管设在上部，立管布置常采用单管顺流式。

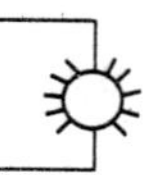

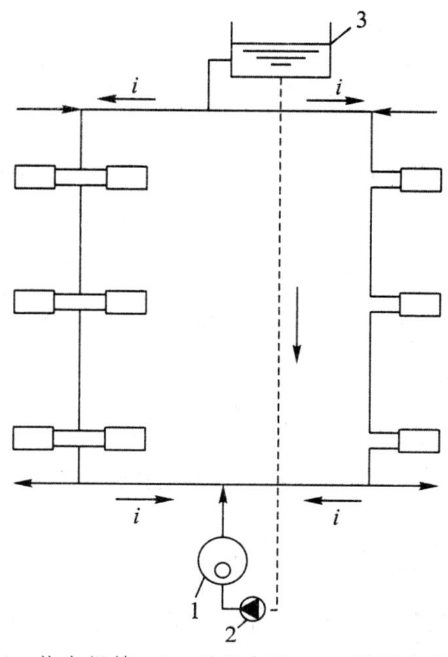

1—热水锅炉；2—循环水泵；3—膨胀水箱

图 2—9　机械循环下供上回式（倒流式）热水供暖系统

这种系统具有以下特点：

（1）水的流向与空气流向一致，都是由下而上。上部设有膨胀水箱。排气方便，可取消集气罐，同时还可提高水流速，减小管径。

（2）对热损失大的底层房间，由于底层供水温度高，底层散热器的面积减小，便于布置。

（3）当采用高温水供暖系统时，由于供水干管设在底层，这样可降低防止高温水汽化所需的水箱标高，减少布置墙架水箱的困难。

（4）散热器内热媒的平均温度几乎等于散热器的出水温度，传热效果低于上供下回式；在相同的立管供水温度下，散热器的面积要增加。

五、同程式与异程式系统

在以上介绍的各系统图中，总立管与各个分立管构成的循环环路的总长度是不相等的：靠近总立管的分立管，其循环长度较短；远离总立管的分立管，其循环长度较长。因而是“异程系统”，最远环路同最近环路之间的压力损失相差很大，压力不易平衡，造成靠近总立管附近的分立管供水量过剩，而系统末端立管供水不足，供热量达不到要求。图 2—10 所示的同程式系统，增加了回水管长度，使得各分立管循环环路的管长相等，环路间的压力损失易于平衡，热量分配易于达到设计要求。只是管材用量稍多一些，地沟深度加大一点。系统环路较多、管道较长时，常采用同程式系统布置。

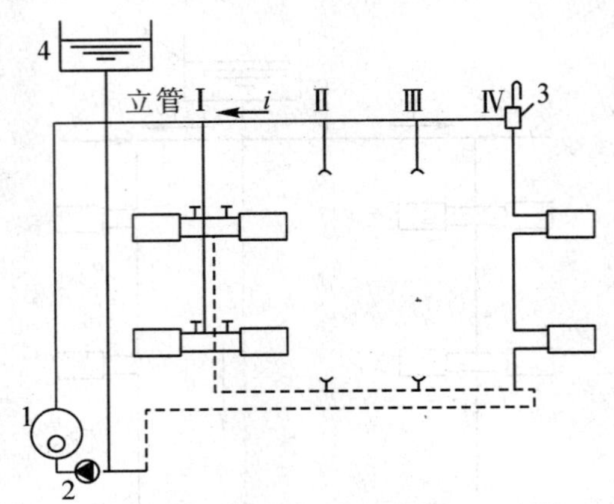

1—热水锅炉；2—循环水泵；3—集气罐；4—膨胀水箱

图 2—10　同程式系统

六、水平串联式热水供暖系统

一根立管水平串联起多组散热器的布置形式（如图 2—11 所示），称为“水平串联式系统”。这种系统的优点是：

（1）系统简捷，安装简单，少穿楼板，施工方便。

（2）一般说来，系统的总造价比较低。

（3）对各层有不同使用功能和不同温度要求的建筑物，便于分层调节和管理。

单管水平式系统串联散热器很多时，运行中易出现前端过热、末端过冷的水平失调现象。一般每个环路散热器组数以 8～12 组为宜。

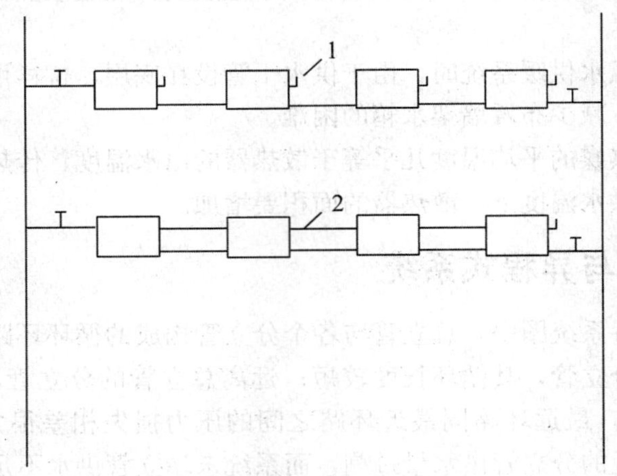

1—冷风阀；2—空气管

图 2—11　单管水平串联式

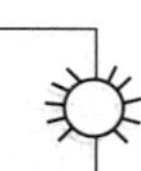

第四节　高层建筑热水供暖系统

随着城市建设的发展，许多高层建筑正拔地而起，相对于建筑物高度的增加，供暖系统出现了一些新的问题。

(1) 随着建筑高度的增加，供暖系统内水静压力随之上升，而散热设备、管材的承受能力是有限的。为了适应设备、管材的承受能力，建筑物高度超过 50 m 时，宜竖向分区供热，上层系统采用隔绝式连接。

(2) 建筑高度的上升，会导致系统垂直失调的问题加剧。为减轻垂直失调，一个垂直单管供暖系统所供层数不宜大于 12 层，同时立管与散热器的连接可采用其他方式。

目前，国内高层建筑热水供暖，主要有以下几种形式。

一、分层式供暖系统

分层式供暖系统是在垂直方向将供暖系统分成两个或两个以上相互独立的系统，如图 2-12 所示。该系统高度的划分取决于散热器、管材的承压能力及室外供热管网的压力。下层系统通常直接与室外网路相连，上层系统与外网采用隔绝式连接。在水加热器中，上层系统的热水与外网的热水隔着换热表面流动，互不相通，使上层系统的水压与外网的水压隔离开来。而换热器的传热面，却能使外网热水加热上层系统循环水，把外网的热量传递给上层系统。这种系统是目前常用的一种形式。

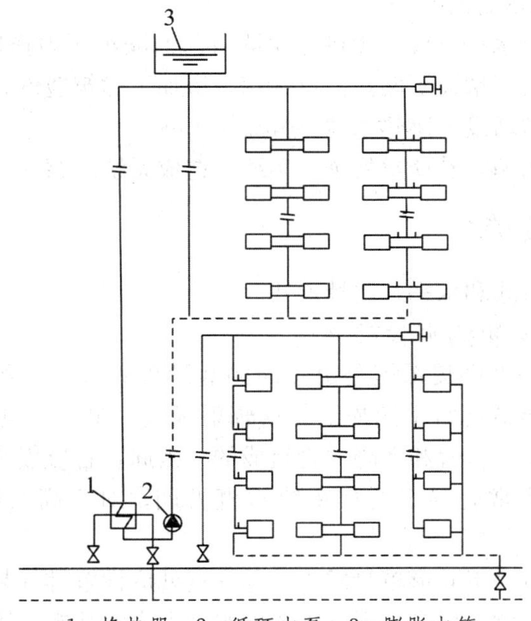

1—换热器；2—循环水泵；3—膨胀水箱

图 2-12　分层式热水供暖系统

当外网供水温度较低，使用热交换器所需加热面过大而不经济合理时，可考虑采用如图 2－13 所示的双水箱分层式供暖系统。

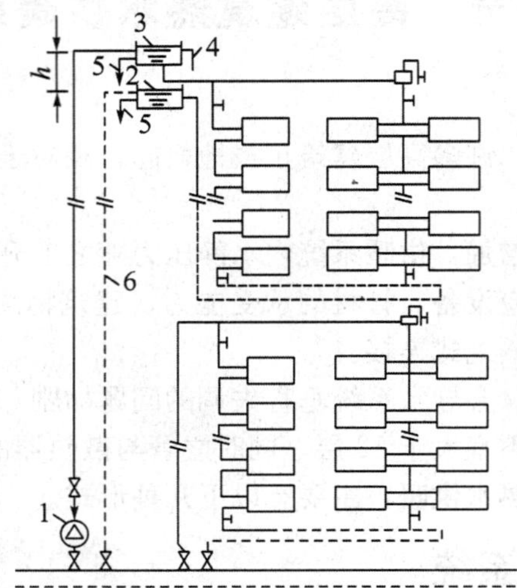

1—加压水泵；2—回水箱；3—进水箱；4—供水箱溢流管；5—信号管；6—回水箱溢流管

图 2－13　高区双水箱高层建筑热水供暖系统

双水箱分层式供暖系统的特点如下：

(1) 上层系统与外网直接连接。当外网供水压力低于高层建筑静水压力时，在用户供水管上设加压水泵。利用进、回水箱两个水位高差 h 进行上层系统的水循环。

(2) 上层系统利用非满管流动的溢流管 6 与外网回水管连接，溢流管 6 下部的满管高度 H_h 取决于外网回水管的压力。

(3) 由于利用两个水箱替代了用热交换器所起的隔绝压力作用，简化了入口设备，降低了系统造价。但由于增设了两座高层水箱，增加了建筑造价。若外网不允许水泵直接从管道中吸水，还需增设一座热水池。

(4) 采用了开式水箱，易使空气进入系统，造成系统的腐蚀。

二、双线式系统

双线式系统有垂直式和水平式两种形式。

1. 垂直双线式单管热水供暖系统

垂直双线式单管热水供暖系统是由竖向的Ⅱ形单管式立管组成，如图 2－14 (a) 所示。双线系统的散热器通常采用蛇形管或辐射板式（单块或砌入墙内的整体式）结构。散热器立管是由上升立管和下降立管组成的。因此，各层散热器的平均温度近似地可以认为相同。这样非常有利于避免系统垂直失调。对于高层建筑，这种优点更为突出。

垂直双线系统的每一组Ⅱ形单管式立管最高点处应设置排气装置。由于立管的阻力较小，容易产生水平失调，可在每根立管的回水管上设置孔板，增大阻力，或用同程式系统达到阻力平衡。

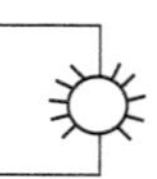

2. 水平双线式热水供暖系统

如图 2−14（b）所示为水平双线式系统，在水平方向的各组散热器平均温度近似地认为是相同的。当系统的水温或流量发生变化时，每组双线上的各个散热器的传热系数 K 值的变化程度近似是相同的。因而对避免冷热不均很有利（垂直双线式也有此特点）。同理，水平双线式与水平单管式一样，可以在每层设置调节阀，进行分层调节。此外，为避免系统垂直失调，可考虑在每层水平分支线上设置节流孔板，以增加各水平环路的阻力损失。

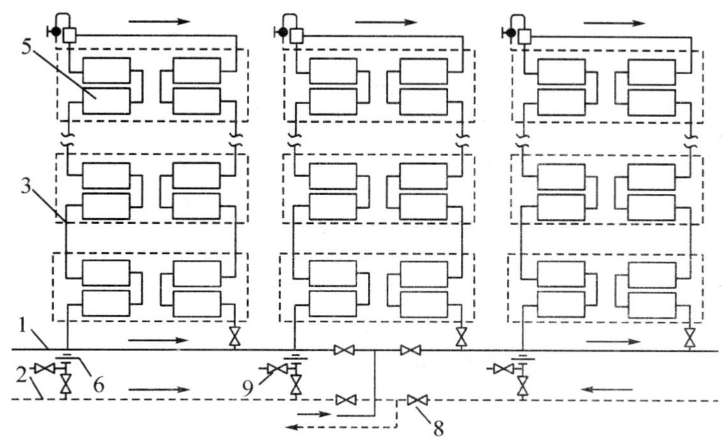

（a）垂直双线系统

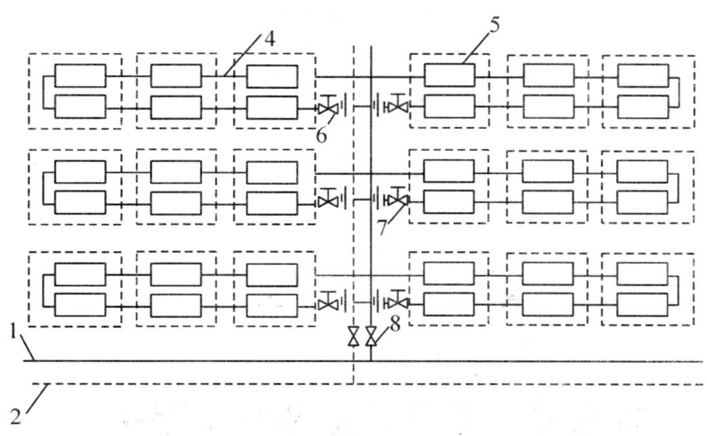

（b）水平双线系统

1—供水干管；2—回水干管；3—双线立管；4—双线水平管；
5—散热器；6—节流孔板；7—调节阀；8—截止阀；9—排水阀

图 2−14　双线式热水供暖系统

三、单、双管混合式系统

单、双管混合式系统如图 2−15 所示。将散热器自垂直方向分为若干组，每组包含若干层，在每组内采用双管形式，而组与组之间则用单管连接。这样，就构成了单、双管混合系统。这种系统的特点是：避免了双管系统在楼层过多时出现的严重竖向失调现象，同时也避免了散热器支管管径过粗的缺点。有的散热器还能局部调节，单、双管系统的特点兼而有之。

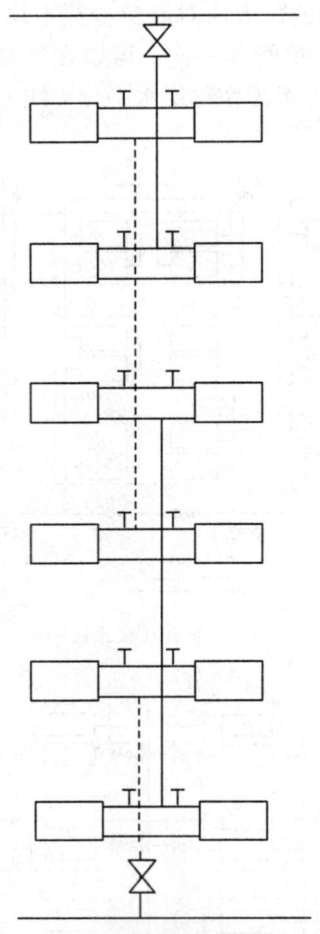

图 2—15　单、双管混合式系统

第五节　分户计量热水供暖系统

为了便于分户按实际耗热量计费、节约能源和满足用户对供暖系统多方面的功能要求，就必须设置分户计量供暖系统。分户计量供暖系统应便于分户管理及分户分室控制、调节供热量——即调节室温。而垂直式系统，一个用户由多个立管供热，在每一个散热器支管上安装热表来计量，不仅使系统复杂、造价过高，而且管理不便，因此不能广泛使用。这里主要介绍分户水平式系统及放射式系统。

分户计量供暖系统的共同特点是在每户管道的起、止点安装关断阀和调节阀，新建

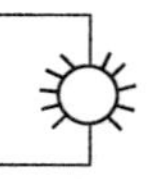

住宅热水集中供暖系统应设置热表和温控装置。热表一般安装在用户进口处。虽然安装在出口处时，水温低，有利于延长使用寿命，但失水率有所增加。

一、分户计量供暖系统形式

（一）分户计量水平单管系统

1. 与以往水平式系统的区别

（1）水平支路长度限于一个住户之内。

（2）能够分户计量和调节供热量。

（3）可分室改变供热量，满足不同的室温要求。

2. 形式

分户水平单管系统可采用水平顺流式［如图 2－16（a）所示］、散热器同侧接管的跨越式［如图 2－16（b）所示］和异侧接管的跨越式［如图 2－16（c）所示］。

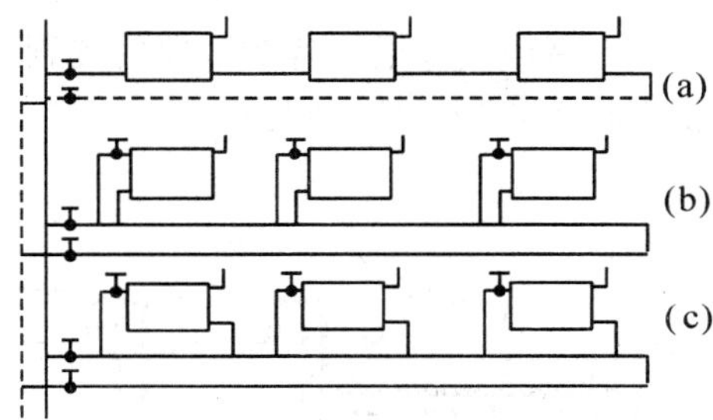

图 2－16　分户水平单管系统

顺流式系统可分户计量，可分户调节，但不能分室调节。

跨越式系统不但可以分户计量，分户调节，而且可以分室调节。必要时还可以安装温控阀，来实现房间温度自动调节。

水平单管系统的优点是布置管道方便，节省管材，水力稳定性好。缺点是排气不甚容易，可通过手动排气阀排气，造价低；或串联空气管自动排气阀排气，但造价高。

（二）分户计量水平双管系统

分户计量水平双管系统如图 2－17 所示，可分户计量，分室调节。图 2－17 中（a)、(b）排气容易，(c）排气不易。与单管系统相比，耗费管材多，水力稳定性也差。

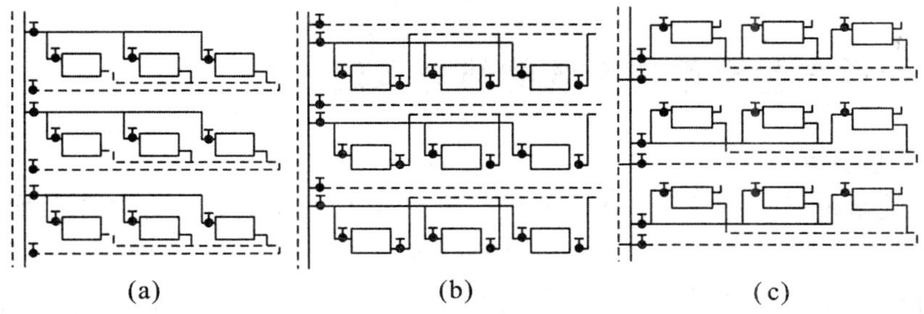

图 2－17　分户水平双管系统

（三）分户计量水平单、双管系统

如图 2－18 所示，分户计量水平单、双管系统，兼有水平单管和水平双管的优点，适用于面积较大的户型以及跃层式建筑。

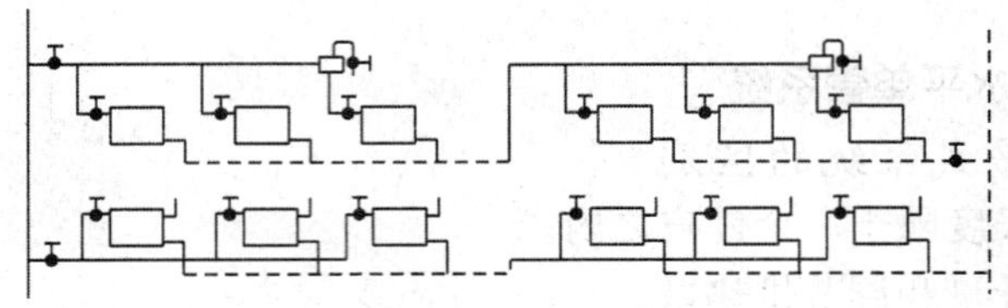

图 2－18　分户水平单、双管系统

（四）分户水平放射式系统

水平放射式系统在每户的供热管道入口设分、集水器，各散热器并联（如图 2－19 所示）。从分水器引出的散热器支管呈辐射状（又称为章鱼式）埋地敷设至各个散热器。进户管装热量表。为了调节各室用热量，通往各散热器的支管上应有调节阀，每组散热器入口处也可装温控阀，散热器上方安装排气阀。

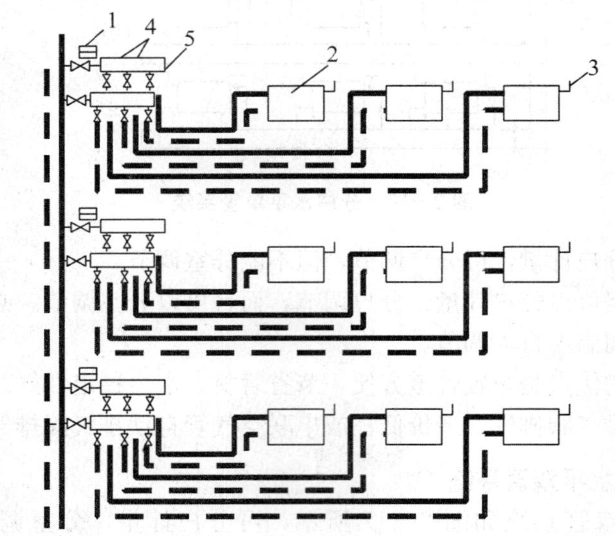

1－热量表；2－散热器；3－放气阀；4－分、集水器；5－调节阀

图 2－19　分户水平放射式供暖系统示意图

二、管道布置及用户系统的热力入口

（一）管道布置

每户的关断阀和向各楼层、各住户供给热媒的供回水立管（总立管）及入口装置，宜设于管道井内。管道井宜设在公共的楼梯间或户外公共空间，管道井有检查门，便于供热管理部门在住户外启闭各户水平支路上的阀门、调节住户的流量、秒表和计量供热量。户内供暖系统宜采用单管水平跨越式、双管水平并联式、上供下回式等。通常建筑

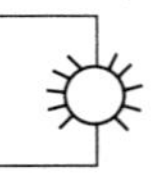

物的一个单元设一组供回水立管，多个单元设一组供回水干管，可设在室内或室外管沟中。干管可采用同程式或异程式，单元数较多时宜用同程式。为了防止铸铁散热器铸造型砂以及其他污物积聚、堵塞热表、温度阀等部件，分户式供暖系统宜用不残留型砂的铸铁散热器或其他材质的散热器，系统投入运行前应进行冲洗。

户内功能管道布置可明装，条件许可时最好暗埋布置。但暗埋管不应有接头，且宜外加塑料套管。

（二）用户系统的热力入口

分户热计量热水集中供暖系统，应在用户入口处设置热量表、压差或流量调节装置、防污器或过滤器等，入口装置宜设在管道井内。为了保护热量表及散热器恒温阀不被堵塞，过滤器应设置在热量表前面。另外，考虑到我国供暖收费难的现状，从便于管理和控制的角度，在供水管上应安装锁闭阀，以便需要时采取强制性措施关闭用户的供暖系统。热力入口处的具体设置方式如图 2—20 所示。

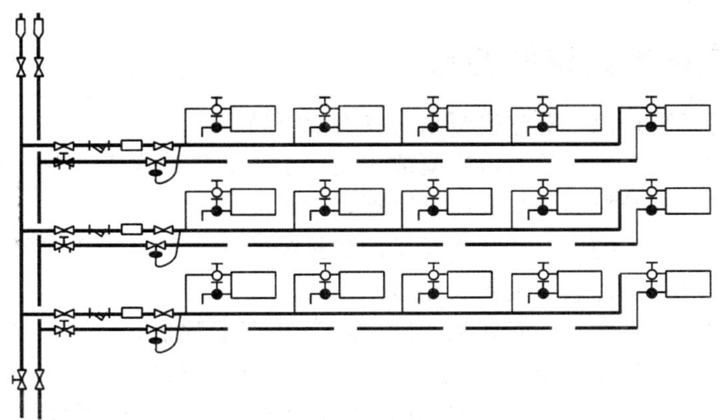

图 2—20　分户热计量系统的热力入口

思考与练习

1. 一个简单的供暖系统具有哪些组成部分？
2. 自然循环热水供暖系统是按什么标准分类的？
3. 简述自然循环热水供暖系统的工作原理。
4. 机械循环下供下回式系统与上供下回式系统相比，具有哪些特点？
5. 水平串联式热水供暖系统具有哪些优点？
6. 简述目前国内高层建筑热水供暖的几种基本形式。

第三章　蒸汽供暖系统

第一节　蒸汽供暖系统的特点与分类

一、蒸汽供暖系统的特点

同热水供暖系统相比，蒸汽供暖系统具有以下特点。

(1) 蒸汽在散热设备中从蒸汽冷凝成为凝结水，从气相变成液相，在此过程中放出汽化潜热；而热水在散热器中只有温度降低，无相态变化。

(2) 同样质量流量的蒸汽比热水携带的热量高出许多；对同样的热负荷，蒸汽供热时所需的蒸汽质量流量比热水流量少很多。

(3) 蒸汽和凝结水在系统管路内流动时，其状态参数变化较大。随着压力的降低，蒸汽比容增加，体积膨胀；饱和凝结水随着压力降低，沸点改变，凝水部分会重新汽化，形成“二次蒸汽”，以气液二相流状态在管内流动。蒸汽和凝水状态变化较大的特点，是造成蒸汽供暖系统设计和运行管理出现困难的原因；处置不当时，系统中易出现蒸汽的“跑、冒、滴、漏”，造成热量浪费，并影响系统和设备的正常使用。

(4) 蒸汽供暖系统中，散热设备的热媒温度为蒸汽压力对应的饱和温度，比一般热水供暖系统热媒的温度高，并且散热器的传热系数也高于热水系统的散热器。这样，蒸汽供暖系统所用散热器的面积，就少于热水供暖系统。但由于蒸汽供暖系统散热器表面温度高，易烧烤散热器上方的有机灰尘，产生异味，卫生条件不佳，因此限制了蒸汽供暖系统在民用建筑中的使用。

(5) 由于蒸汽供暖系统间歇工作，管内蒸汽、空气交替出现，加剧了管道内壁的氧化腐蚀，尤其是凝结水管，腐蚀更快，因此蒸汽系统的使用寿命比热水系统要短。

(6) 蒸汽具有比热容大、密度小的特点，不会像热水供暖那样，在系统中产生很大的水静压力，对设备的承压要求不高。

此外，蒸汽供暖系统供汽时热得快，停汽时冷得也快，适合于间歇运行的用户，如会议厅、剧院等。

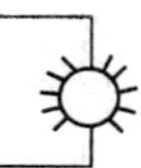

二、蒸汽供暖系统的分类

按照供汽压力的大小，蒸汽供暖系统分为三大类：供汽的表压力（即高于大气压的压力）等于或低于 70 kPa 时，属于低压蒸汽供暖系统；供汽表压力高于 70 kPa 时，属于高压蒸汽供暖系统。当系统中的压力低于大气压力时，属于真空蒸汽供暖。供汽压力降低时，蒸汽的饱和温度也降低，凝水的二次汽化量少，运行较可靠，卫生条件也得以改善。在民用建筑中，蒸汽供暖系统的压力应尽可能低。

1. 低压蒸汽双管供暖系统

图 3－1 所示是上供下回低压蒸汽双管供暖系统。蒸汽干管敷设在房间的天棚内或天棚下，与热水供暖系统相比，它有以下几点不同。

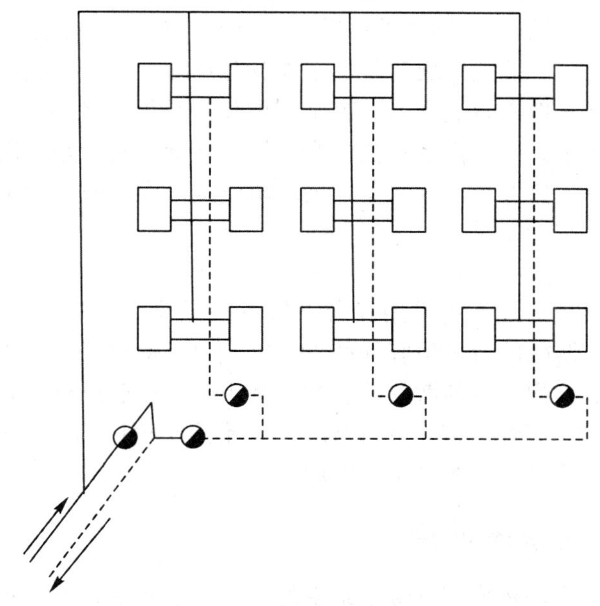

图 3－1　蒸汽双管上供下回供暖系统

（1）供暖干管的坡向沿流向顺坡，以利于沿途产生的凝结水的顺利排除。干管坡度宜采用 0.003，不得小于 0.002。进入散热器支管的坡度为 0.01～0.02。

（2）在蒸汽供暖系统中依靠蒸汽压力把积存于管道内、散热器内的空气赶至凝水管，再由凝水管经凝结水箱排入大气中。散热器中如积存有空气时，散热器内就有蒸汽、空气、水三种物质共存，并按密度的大小依次积聚在不同的位置：凝结水积在下部；空气比蒸汽重，在中间；蒸汽最轻，在上部，如图 3－2 所示。依靠散热器上的放气阀，难以排除其中的空气。

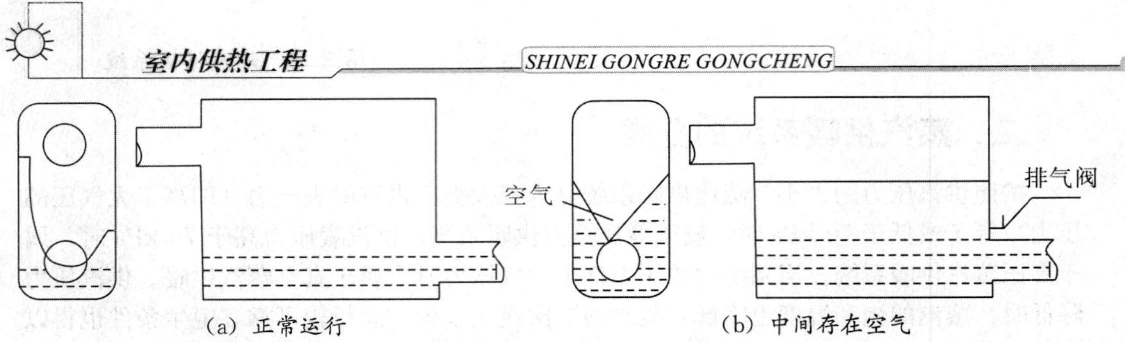

图 3-2　蒸汽在散热器中的放热

(3) 蒸汽在管道中流动时，由于管壁受冷而有凝结水产生，散热器中也产生大量凝结水。这些凝结水可能被高速的蒸汽流裹带，形成高速流动的二相流，在遇到阀门、拐弯或向上的管段等使流向改变时，水滴及大团的液体在高速下与管体或管子撞击，就产生“水击”，出现很高的噪声、强烈的振动或局部高压，严重时能破坏管件接口的严密性和管路支架。因此，系统中出现的凝水必须及时排除。除了上述所指管道坡度、坡向要求外，还要在必要的地方装疏水器。疏水器的作用即阻气排水，阻隔管路中的蒸汽，而让凝结水很容易通过。蒸汽供暖系统中在干管的最低点及管路、设备的末端，应设疏水器。在凝水管的各入口处装设疏水器，还能防止蒸汽大量逸入凝结水管，使凝结水能顺利地返回锅炉房，减少能量损失。

2. 高压蒸汽供暖系统

一般高压蒸汽供暖系统，均采用双管上供下回系统。由于蒸汽的压力及温度都较高，凝结水在经疏水器减压后，很容易产生二次汽化，使得凝水回收困难。在相同热负荷下高压蒸汽供暖系统的管径和散热器参数，都小于低压蒸汽供暖系统。因此，高压蒸汽供暖系统有较好的经济性。但也由于温度高，使得房间的卫生条件差，并容易烫伤人，因此这种系统一般只在工业厂房中使用。

三、蒸汽供暖系统的回水方式

解决好凝结水回收，是蒸汽供暖系统中的一个关键问题。凝结水的回收，主要有重力回水、机械回水和蒸汽余压回水三种方式。

1. 重力回水

当锅炉蒸汽压力较低，如 10～30 kPa 时，可以把锅炉安装在地下室，利用疏水阀后管道与炉内水面的高差，让凝结水靠自重流向锅炉，不用水泵和电力，但锅炉房需放在很深的地下室。重力回水如图 3-3 所示。

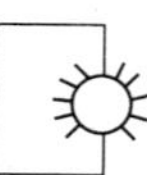

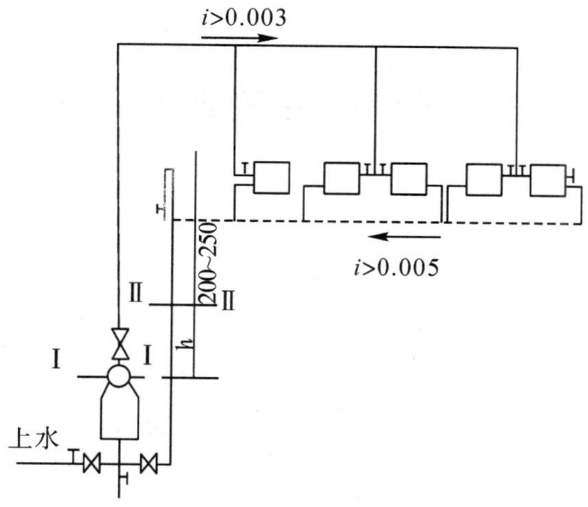

图 3－3　重力回水低压蒸汽供暖系统图

图中Ⅰ—Ⅰ断面是锅炉水位，h 为锅炉压力的水柱高度，水柱可达到Ⅱ—Ⅱ断面。凝水回水干管末端应高出Ⅱ—Ⅱ断面 200～250 mm，锅炉安装深度应按此要求确定。

重力回水开始运行时，系统里的空气可以通过凝结水管末端所连的空气管排入大气。在系统停止运行时，系统中的剩余蒸汽逐渐冷却变成凝结水，由于体积的收缩，在管道和散热器内要产生真空，此时空气可顺着凝结水管吸入。顺利地吸入空气可以防止空气从丝扣连接处渗入和通气漏水。

2. 机械回水

如果不能设置地下室，但疏水器后面的高度还可以使凝结水自流回锅炉房时，可以让凝结水自流到锅炉房的凝结水箱，再用水泵打入锅炉。机械回水如图 3－4 所示。

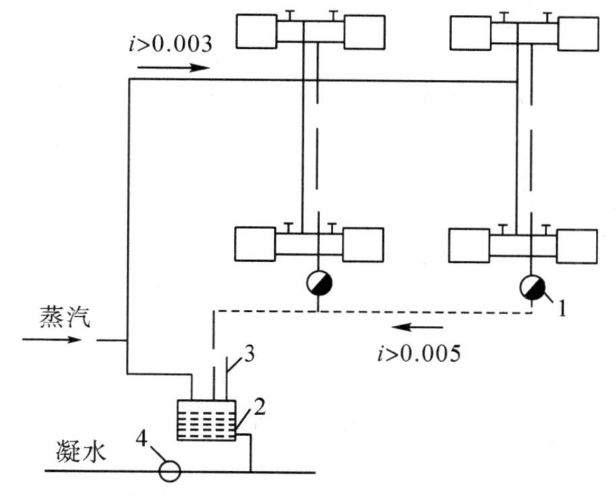

1—低压恒温式疏水器；2—凝水箱；3—空气箱；4—凝水泵

图 3－4　机械回水低压蒸汽供暖系统示意图

在高压蒸汽系统中，疏水器后面还留有一定的余压，靠蒸汽余压把凝结水和蒸汽的混合物，一起压入锅炉房凝结水箱。该系统布置与机械回水相同。

第二节　蒸汽供暖系统的附属设备

一、疏水器

疏水器是蒸汽供暖系统特有的设备，自动而迅速的排出用热设备及管道中的凝水，并阻止蒸汽溢漏，在排除凝水的同时，排出系统中积留的空气和其他非凝结性气体，简单来说就是“排水阻气”。按照作用原理不同分为三类。

（1）机械型疏水器。利用蒸汽和凝水密度不同，形成凝水液位，以控制凝水排水孔自动启闭工作的疏水器。主要产品有浮筒式、钟形浮子式、倒置桶型、杠杆浮球式等。

（2）热静力型。利用蒸汽和凝水的温度不同引起恒温元件膨胀或变形来工作的疏水器。主要产品有波纹管型、膜盒型、双金属片型、恒温型等。

（3）热动力型。利用蒸汽和凝水热动力特性的不同来工作的疏水器。主要产品有圆盘式、脉冲式、孔板式等。

（一）各类疏水器的构造特点及工作原理

1. 浮筒式疏水器

浮筒式疏水器属机械型疏水器，如图 3－5 所示。

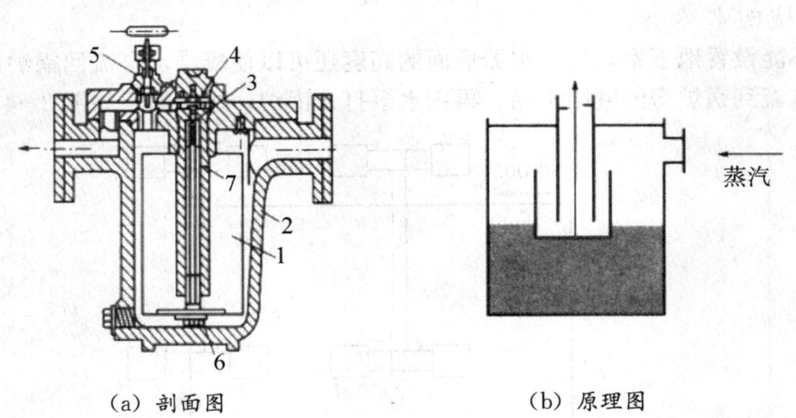

（a）剖面图　　（b）原理图

1—浮筒；2—外壳；3—顶针；4—阀孔；5—放气阀；6—可换重块；7—水封套管上的排气孔

图 3－5　浮筒式疏水器

浮筒式疏水器在正常工作情况下，漏汽量只等于水封套筒排气孔的漏汽量，数量很小。它能排出具有饱和温度的凝水。凝水器前凝水的表压力 p_1，在 500 kPa 或更小时便能启动疏水。排水孔阻力较小，因而疏水器的背压可较高。它的主要缺点是体积大、排量小、活动部件多、筒内易沉渣垢、阀孔易磨损、维修量较大。

2. 圆盘式疏水器

圆盘式疏水器属于热动力型疏水器，如图 3－6 所示。圆盘式疏水器的优点是：体积小、重量轻、结构简单、安装维修方便。其缺点是：有周期漏汽现象，在凝水量小或疏水器前后压差过小［（p_1-p_2）$<0.5p_1$］时，会发生连续漏汽；当周围环境气温较高，控制室内蒸汽凝结缓慢，阀片不易打开，会使排水量减少。

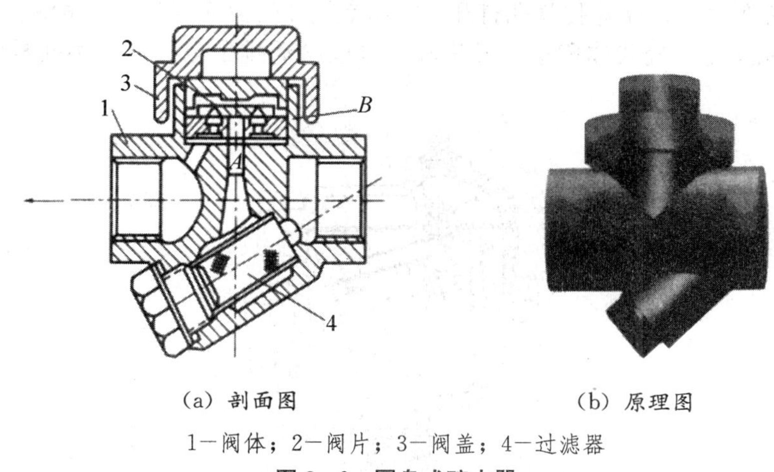

（a）剖面图　　（b）原理图

1—阀体；2—阀片；3—阀盖；4—过滤器

图 3—6　圆盘式疏水器

3．温调式疏水器

温调式疏水器属热静力型疏水器，如图 3—7 所示，疏水器的动作部件是一个波纹管的温度敏感元件。温调式疏水器加工工艺要求较高，适用于排除过冷凝水，安装位置不受水平限制，但不宜安装在周围环境温度高的场合。无论是哪一种类型的疏水器，在性能方面，应能在单位压降下的排凝水量较大，漏汽量要小（标准为不应大于实际排水量的 3%），同时能顺利地排除空气，而且应对凝水的流量、压力和温度的波动适应性强。在结构方面，应结构简单，活动部件少，并便于维修，体积小，金属耗量少，同时使用寿命长。

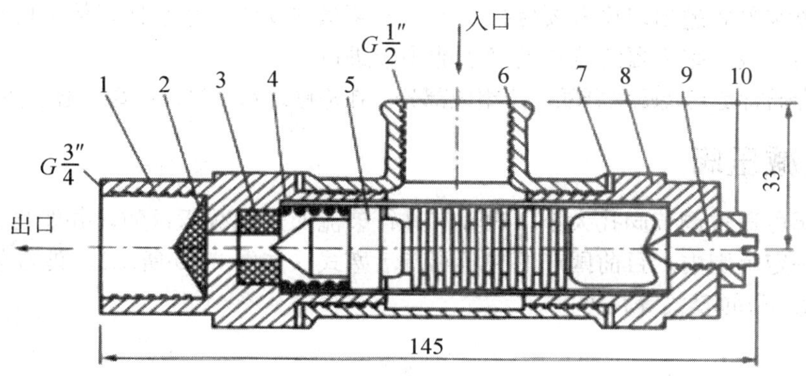

1—大管接头；2—过滤网；3—网座；4—弹簧；5—温度敏感元件；
6—三通；7—垫片；8—后盖；9—调节螺钉；10—锁紧螺母

图 3—7　温调式疏水器

4．吊桶式疏水器

吊桶式疏水器如图 3—8 所示，系统运行前，吊桶下垂，阀孔开启。当凝结水和空气进入时，吊桶上的快速排气孔不关闭，凝结水和空气均可经阀孔排出。当蒸汽进入时，双金属片因受热膨胀会将快速排气孔遮蔽，吊桶内存有一定量的蒸汽，水对吊杆产生浮力，吊桶上浮，阀孔关闭阻汽。直到蒸汽不再进入，吊桶内的蒸汽部分凝结，双金属片因温度降低收缩，快速排气孔打开，排出空气和残留的蒸汽，使吊桶下沉，打开阀孔排水。吊桶式比浮桶式体积小、重量轻，可以自动排出空气，但小孔易锈蚀，维修量大。

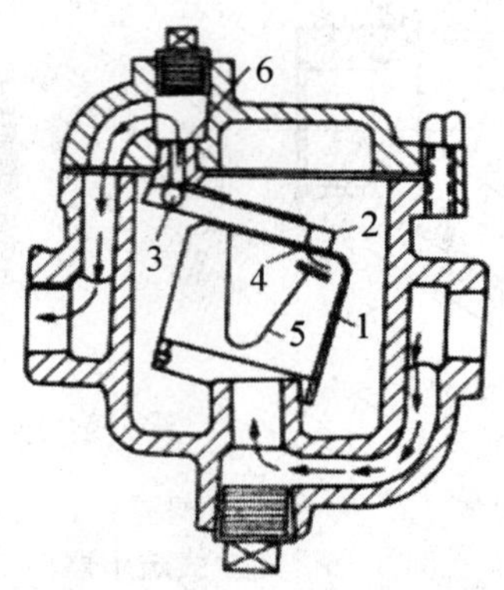

1—吊桶；2—杠杆；3—珠阀；4—快速排气孔；5—双金属弹簧片；6—阀孔

图 3-8　吊桶式疏水器

（二）疏水器的安装

安装疏水器一般遵循以下几点原则。

（1）疏水器应安装在便于检修的地方，并应尽量靠近用热设备凝结水排出口下。蒸汽管道疏水时，疏水器应安装在低于管道的位置。

（2）安装应按设计设置好旁通管、冲洗管、检查管、止回阀和除污器等的位置。用汽设备应分别安装疏水器，几个用汽设备不能合用一个疏水器。

（3）疏水器的进出口位置要保持水平，不可倾斜安装。疏水器阀体上的箭头应与凝结水的方向一致，疏水器的排水管径不能小于进口管径。

（4）旁通管是安装疏水器的一个组成部分。在检修疏水器时，可暂时通过旁通管运行。

二、减压阀

减压阀可通过调节阀孔大小，对蒸汽进行节流而达到减压目的，并能自动将阀后压力维持在一定范围内。目前国产的减压阀有活塞式（如图 3-9 所示）、波纹管式（如图 3-10 所示）和薄膜式等几种。

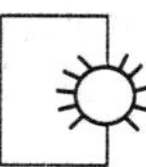

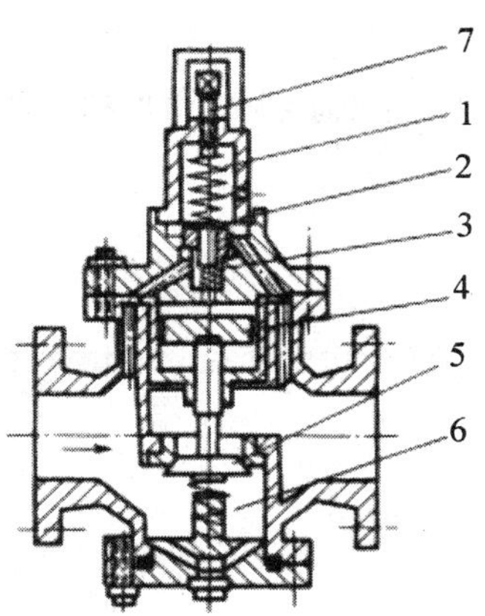

1—上弹簧；2—薄膜片；3—针阀；4—活塞；5—主阀；6—下弹簧；7—旋紧螺钉

图 3—9 活塞式减压阀

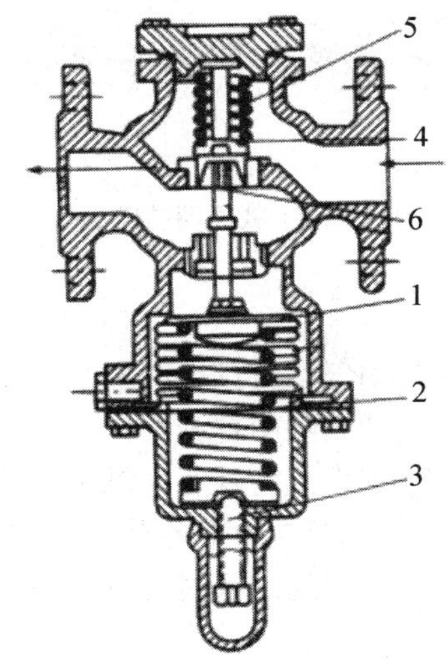

1—波纹箱；2—调节弹簧；3—调节螺钉；4—阀瓣；5—辅助弹簧；6—阀杆

图 3—10 波纹管式减压阀

减压阀的安装（如图 3—11 所示）和维护应注意以下事项：

(1) 为了操作和维护方便，该阀一般直立安装在水平管道上。

(2) 减压阀安装必须严格按照阀体上的箭头方向保持和流体流动方向一致。如果水质不清洁含有一些杂质，必须在减压阀的上游进水口安装过滤器（建议过滤精度不低于 0.5 mm）。

(3) 为了防止阀后压力超压，应在离阀出口不少于 4 m 处安装一个减压阀。

(4) 减压阀在管道中起到一定的止回作用，为了防止水锤的危害，也可安装小的膨胀水箱，防止损坏管道和阀门，过滤器必须安装在减压阀的进水管前，而膨胀水箱必须安装在减压阀出水管后。

(5) 如果需要将减压阀安装在热水系统时，必须在减压阀和膨胀水箱之间安装止回阀。

这样既可以让膨胀水箱吸收由于热膨胀而增加的水的体积，又可以防止热水回流或压力波动对减压阀产生冲击。

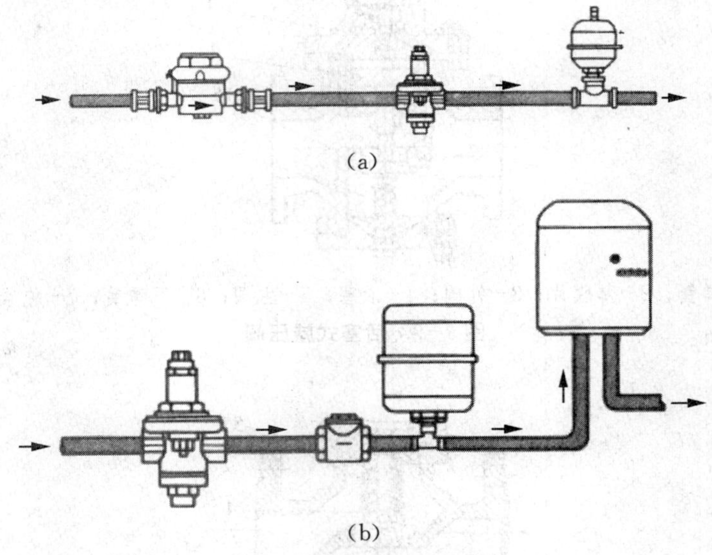

图 3-11　减压阀的安装

三、二次蒸发箱

二次蒸发箱的作用是将室内各用气设备排出的凝水，在较低的压力下分离出一部分二次蒸汽，并将低压的二次蒸汽输送到热用户利用。

当二次汽量较小时，由高压蒸汽供汽管补充。靠压力调节器控制补汽量，以保持箱内压力为 20～40 kPa（表压力），并满足二次蒸汽热用户的用汽量的要求。

当箱内二次汽量超过二次汽热用户的用汽量时，箱内压力增高，箱上安装的安全阀开启，排汽降压。

思考与练习

1. 蒸汽供暖系统具有哪些特点？
2. 按照供汽压力的大小，蒸汽供暖系统可分为哪几类？
3. 简述蒸汽供暖系统的几种回水方式。
4. 举例说明疏水器的分类。
5. 安装疏水器需要遵循哪些基本原则？
6. 减压阀的安装需要注意哪些事项？

第四章　供暖系统设备

第一节　散热器

供暖散热器是供暖的末端装置，它将热媒携带的热量散发到供暖空间以补偿房间的热损失，使房间维持所需要的温度。当热媒通过散热器时，散热器以对流和辐射两种方式散热。根据国际标准化组织的规定：部分靠辐射散热的称为辐射散热器，几乎完全靠自然对流散热的称为对流散热器。

一、散热器的工作原理

散热器是利用热水或蒸汽将热量传入房间的一种散热设备。供暖期间房间的失热量主要通过散热器的散热量补充，从而使房间的温度维持在设计范围内，达到供暖的目的。

散热器将热量送入房间是一个复杂的传热过程，但在计算中通常将其简化为简单的稳定传热过程考虑。即首先由热媒（热水或蒸汽）将热量通过对流或凝结过程传递到散热器内表面，然后由散热器内表面传递到散热器的外表面，再由散热器外表面将热量通过对流和辐射的方式传到室内。这一过程的传热量可由下式计算得出

$$Q = KA(t_{\mathrm{p.j}} - t_{\mathrm{n}})$$

式中：Q——散热器的散热量，W；

A——散热器的散热面积，m^2；

K——散热器的传热系数，$\mathrm{W/(m^2 \cdot ℃)}$；

$t_{\mathrm{p.j}}$——散热器内热媒的平均温度，℃；

t_{n}——室内供暖设计温度，℃。

二、散热器的类型

散热器的材料有铸铁、钢以及其他材料。下面将介绍一些常用的散热器及其发展方向。

（一）铸铁散热器

铸铁散热器有悠久的历史。1980 年以后受到钢制散热器的挑战，我国铸铁散热器

生产水平大大提高，热工性能也接近国外同等水平。铸铁散热器分柱型和翼型两大类。图 4-1 是几种典型的散热器。

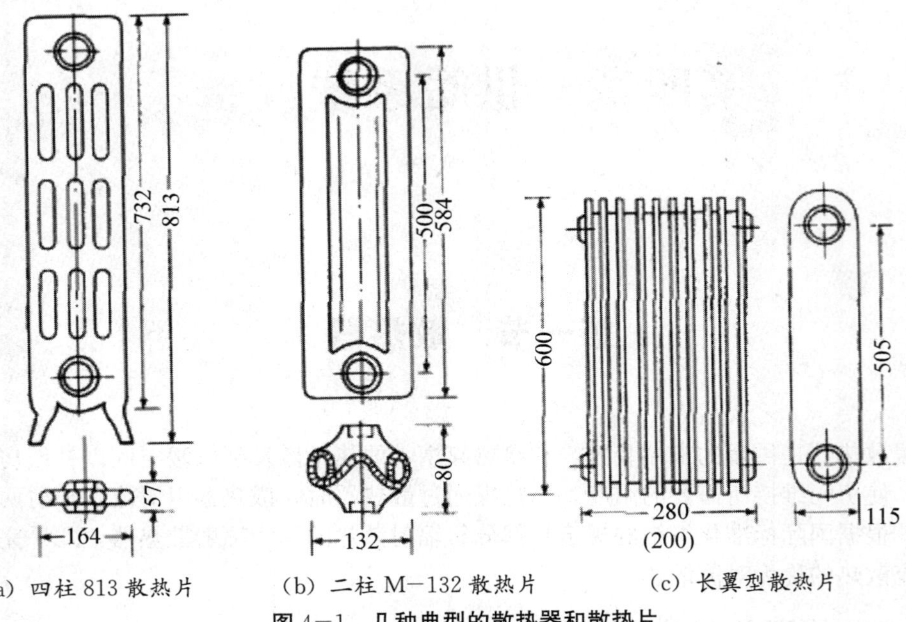

(a) 四柱 813 散热片　(b) 二柱 M-132 散热片　(c) 长翼型散热片

图 4-1　几种典型的散热器和散热片

柱型散热器又分二柱、四柱、五柱及六柱几种。每个柱都是中空的，柱的上、下端全部连通。一对带丝扣的穿孔供热媒通过，并可用正反丝把散热片组合起来。柱型散热器可落地安装，也可挂壁安装；如选择落地安装，两端散热片必须是带足的，片数较多时，中间最好增加一片带足的散热片。

翼型散热器是外壳上带有翼片的中空壳体。在壳体侧面的上、下端各有一个带丝扣的穿孔，供热媒进出，并可借正反螺丝把单个散热片组合起来。翼型散热器有长翼型和圆翼型两种。翼型散器散热器热工性能较差，而且翼片间容易积灰，不易清除，是一种很陈旧的产品，国外早已停止生产。但由于它制造容易、价格低，我国目前仍继续生产这种产品，但是逐步将它们淘汰，乃是大势所趋。

（二）钢制散热器

20 世纪 80 年代是我国钢制散热器大发展的年代，钢制散热器的优点是承压高、体积小、质量轻，但耐腐蚀性能不如铸铁的好。钢制散热器有串片型、扁管型、板型、柱型、排管型、辐射型等多种类型。

1. 钢制串片型

钢制串片型散热器是在用联箱联通的两根钢管外面串上许多长方形薄钢片制成的。通常采用的是管与片过盈强串工艺生产的散热器，存在片与管结合不紧密的缺点。为了提高这种散热器的热工性能，现已发展了金属粘接工艺、绕片高频焊工艺、管片接触焊工艺及一次整体胀管工艺等。测试结果表明，采用这些新工艺，可使产品单位散热量提

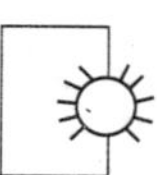

高 10%左右。

国外对这种对流散热器一般加罩安装，如图 4-2 中（a）所示，效果较好。

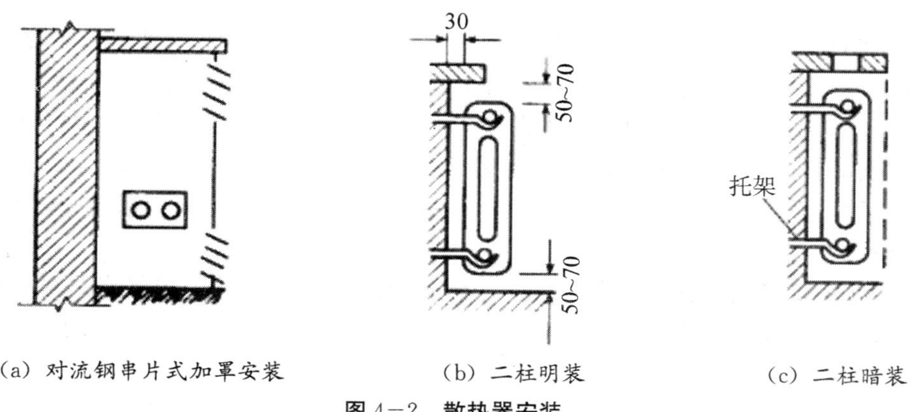

图 4-2 散热器安装

2. 钢制扁管型散热器

扁管的断面为矩形。国外常见的断面尺寸为 70 mm×10 mm、65 mm×10 mm。我国由于受钢带规格的限制，采用 52 mm×11 mm 断面的扁管，称 52 系列，后来又发展了 59 系列和 70 系列的扁管散热器。扁管散热器可以从一根管到几十根管自由组合，以便与建筑物室内装修相配合。

3. 钢制板式散热器

钢制板式散热器具有良好的热工性能，但是它的生产受工艺设备的限制。钢制板式散热器以钢板卷材为原料，经过连续冲压、多点点焊接、内水冷式焊缝机焊缝、表面处理等多道工序制成。该生产工艺符合钢制产品加工的特点，因此这种散热器将因其热工性能及加工工艺方面的优点而得到发展。

4. 钢制柱型散热器

钢制柱型散热器使用 1.5~2.0 mm 钢板冲压成片状半柱形，经压力滚焊复合成单片后组合焊接成型的散热器。为了增强其耐腐蚀性能，1990 年我国又研制了铸钢柱形散热器。钢制和铸钢柱型散热器和铸铁柱型散热器相似，容易被人们接受。它的传热系数远高于钢串片和板式散热器。钢制柱型散热器在国外应用相当普遍，我国由于受工艺条件限制，到 20 世纪 80 年代才开始生产。

5. 钢制排管型散热器

钢制排管型散热器一般采用管径较大的钢管焊接而成。用异型钢管生产的排管型散热器，国内已有多种。这种散热器承压能力和抗腐蚀能力都比较好，且便于现场制作，适用于有特殊要求的地方。

（三）其他材质的散热器

铝材具有传热效果好、材质轻、耐腐蚀能力强、机械加工能耗低等一系列优点。用它制成的散热器可克服铸铁散热器的粗糙笨重和钢制散热器尤其是钢板型散热器耐腐蚀性能差等缺点。铝制散热器的生产工艺有铸造、挤压成型后焊接及吹胀等。由于铝表面极易生成一层致密的氧化膜，从而增强了铝的耐腐蚀性能，此外，铝材表面极易进行铬酸及浓硝酸的氧化处理，可以氧化着色，使表面呈棕、金黄、蓝、灰、黑等色，并可进行任意色泽的静电喷漆。

除了铝制散热器外，还有塑料散热器、混凝土板材散热器等。塑料散热器在成本、耐腐蚀、重量方面有独特的优点，但是在老化、冷脆、承压能力及连接方式等方面还有待改进。随着塑料工业的发展，它的前景十分好。近年来一种金属和塑料的复合管常被用在地板辐射供暖中。该管有很好的强度，而且具有安装方便和灵活的优点。地板辐射供暖是一种舒适的供暖方式，它避免了暖气片供暖和热风供暖方式引起的房间底部温度过低的现象。

混凝土板散热器是将热媒管埋入钢筋混凝土板中制成的。它的优点是可以节约金属，其金属耗量仅为铸铁散热器的 30%～40%。如果用非金属管材取代钢管，可以节约大量的金属。

以金属板、热媒管和保温材料组合成的散热器称作金属辐射板散热器。按人的等感温度进行设计，辐射板的供热量可比其他散热器节省 20%以上。辐射供暖是以热射线（电磁波在 0.8～800 μm）散出的辐射热为主，在高大厂房和大型民用建筑中具有其独特的优点。影响辐射板质量的主要原因是管板接触不好，使板面平均温度大大降低；保温材料性能不好，使板背面散热量增加；此外，辐射板表面涂料的辐射率不高，也会影响辐射散热的效果。

三、散热器的安装

（一）散热器的选择

散热器的主要功能是向室内传递热量，而散热器的传热系数是衡量散热器热工性能好坏的重要指标，因此，在选择散热器时，传热系数较大和水容量多的散热器一般会成为用户或设计师的首选。同时，在资源日益紧缺的今天，为了降低生产成本，希望散热器在制造过程中金属消耗量最小，即单位重量的金属散热量大一些，因此，相对金属热强度大的散热器竞争力也较强，但这一因素在用户选择时体现的影响并不明显。另外，作为一种普通的商品，质量、价格和外观也是散热器在选择过程中要考虑的内容。

当然，能同时满足上述所有要求的散热器很难找到，因此在选用时一般按照下述原则选用：

（1）对于民用建筑或美观要求较高的公共建筑，宜选用外形美观、易于清扫的散热器；

（2）高层建筑一般选择承压能力较高的散热器；

（3）湿度较大的房间宜选用耐腐蚀的散热器；

（4）飘窗下宜选用结构尺寸较小（主要是高度较低）的散热器。

（二）散热器的安装位置

散热器设置在外墙窗口下最为合理。经散热器加热的空气沿外窗上升，能阻止进入的冷空气沿墙及外窗下降，因而防止了冷空气直接进入室内工作区。对于要求不高的房

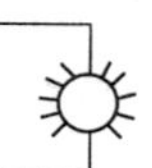

间，散热器也可靠内墙设置。

在一般情况下，散热器在房间内敞露装置，这样散热效果好，且易于清除灰尘。当建筑方面或工艺方面有特殊要求时，就要将散热器加以围挡。例如某些建筑物为了美观，可将散热器装在窗下的壁龛内，外面用装饰性面板把散热器遮住。另外，在采用高压蒸汽供暖的浴室中，也要将散热器加以围挡，防止人体烫伤。

安装散热器时，有脚的散热器可直立在地上；无脚的散热器可用专门的托架挂在墙上，如图 4－3 所示。在现砌墙内埋托架，应与土建平行作业。预制装配建筑，应在预制墙板时即埋好托架。

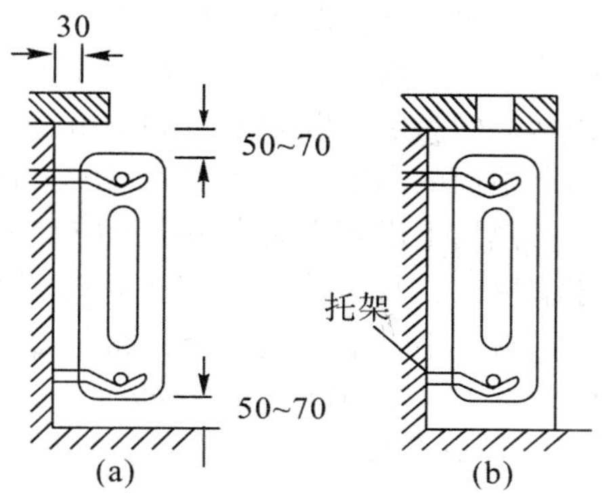

图 4－3　散热器安装

楼梯间内散热器应尽量放在底层，因为底层散热器所加热的空气能够自行上升，从而补偿上部的热损失。当散热器数量多，底层无法布置时，可参照表 4－1 将散热器分配在其他层安装。

表 4－1　楼梯间的散热器的分配百分比

房屋层数 \ 考虑层数	1	2	3	4
2	65	35	—	—
3	50	30	20	—
4	50	30	20	—
5	50	25	15	10
6	50	20	15	15
7	50	20	15	15

为了防止冻裂，在双层门的外室以及门斗中不宜设置散热器。

（三）散热器的安装要求

散热器安装一般在内墙、地面抹灰完毕，散热器安装位置的墙面装修完成，室内干、立管安装完毕后进行。散热器安装的工艺流程是：散热器组对→散热器单组试压→支架、托架的安装→散热器安装。

安装形式有明装、暗装和半暗装三种。安装方式有落地和挂装两种。挂装时需用专用托钩，落地安装时为防止散热器摆动，在散热器上部接口处也应设托钩，若墙壁不允许埋设托钩，需另配专用支架。

钢制散热器多用挂装方式安装在墙壁上，由于重量相对铸铁散热器更轻，其托钩可以直埋于墙内，或用膨胀螺栓固定托架。托架或托钩一般均由散热器生产厂家配套提供。

散热器的安装尺寸及托钩数量随散热器品种而异，可按照产品及施工验收规范或国家或地区的供暖设备安装标准图进行。一般情况上托钩数量少，用于保证散热器的垂直度，下脱钩数量较多，主要起承重作用。散热器的主要的安装尺寸及托钩数量如下：

（1）一般散热器背面距墙皮的距离为 30～50 mm，特殊要求者除外。

（2）铸铁散热器下沿距地面的高度一般为 70～80 mm。

（3）挂装式散热器下沿距地面的高度一般为 100～150 mm。

（4）墙龛式半暗装时，散热器上沿距离窗台板下沿应大于 100 mm。

（5）柱型散热器挂装于墙壁时，每组片数为 3～8 片时，上托钩 1 个，下托钩 2 个；每组片数为 9～12 片时，上托钩 1 个，下托钩 3 个；每组片数为 13～16 片时，上托钩 2 个，下托钩 4 个；每组片数为 17～20 片时，上托钩 2 个，下托钩 5 个；每组片数为 21～24 片时，上托钩 2 个，下托钩 6 个。

（四）铸铁散热器的组对方法

组对散热器的主要材料是散热器对丝、垫片、散热器补芯和丝堵。其中，对丝是两片散热器之间的连接件，它是一个全长上都有外螺纹的短管，一端为右螺纹，一端为左螺纹，如图 4－4 所示。散热器补芯是散热器管口和散热器支管之间的连接件，并起变径作用。散热器丝堵用于散热器不接支管的管口堵口。由于每片散热器两侧接口一侧为左螺纹，一侧为右螺纹，因此，散热器补芯和丝堵也都有左螺纹和右螺纹之分，以便对应使用。散热器组对用的工具称为散热器钥匙。

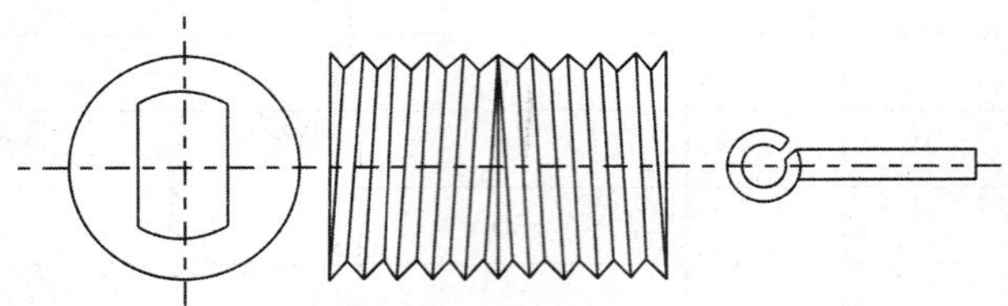

图 4－4　铸铁散热器的对丝及钥匙

组对前，应先将散热器对口表面的油污清除干净，散热器片表面要除锈，并刷一道防锈漆。组对时，先将一片散热器放到组对平台上，把对丝套上涂有铅油的垫片放入散热器接口中，再将第二片散热器反方向螺纹的接口对准第一片散热器接门中的对丝，用两把散热器钥匙同时插入对丝孔内，同时、同向、同速转动散热器钥匙，使对丝在两片散热器接口内同时入扣，利用对丝将两片散热器拉紧。

散热器的组对要求如下：

（1）垫片应使用成品，组对后外露不应大于 1 mm。

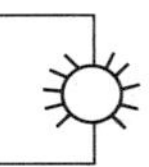

(2) 散热器组对应平直紧密，平直度不得超过允许偏差。

(3) 为了搬运和安装的方便，每组散热器的片数不得超过下列数值：

长翼型（大 60）6 片，细柱型（四柱等）25 片，粗柱型（M132 型）20 片。

(4) 组对好的散热器一般不应堆放，若受条件限制必须平堆时，堆放高度不应超过 10 层，且每层之间用木板隔开。

（五）散热器单组试压

散热器组对完成后，必须进行水压试验，合格后才能安装。试压时先将组对好的散热器上好临时堵头、补芯、放气门，连接试压泵。试压时打开进水阀门，向散热器内注水，同时打开放气门，排净空气，待水注满后关闭放气门。继续加压至试验压力（试验压力无设计要求时一般为工作压力的 1.5 倍，但不得小于 0.6 MPa）下，持续 2～3 min，观察每个接口不渗不漏为合格。最后，打开泄水阀门，拆掉临时堵头和补芯，将散热器内的水泄干净。水压试验的连接如图 4－5 所示。

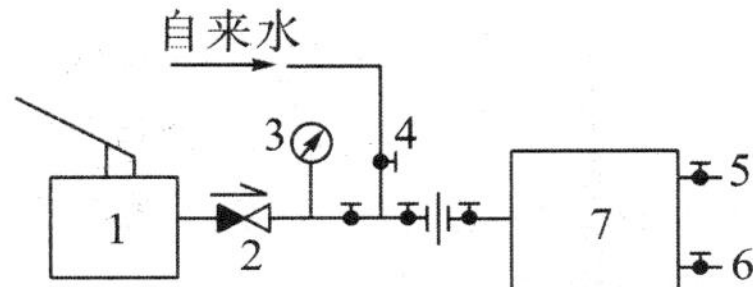

1－手压泵；2－单向阀；3－压力表；4－截止阀；5－放气管；6－泄水管；7－散热器

图 4－5　散热器水压试验装置

第二节　热源设备

一、锅炉

锅炉是通过消耗一定的能源，对水进行加热，产生热水或蒸汽的一种设备。根据锅炉消耗的能源不同，锅炉可以分为燃煤锅炉、燃油或燃气锅炉、电热锅炉；根据锅炉产生的热媒不同，锅炉可以分为热水锅炉和蒸汽锅炉；根据锅炉的承压情况不同，锅炉可以分为承压锅炉、常压（无压）锅炉、真空锅炉。

1. 燃煤锅炉

燃煤锅炉是目前应用最多的一种锅炉，这主要是由于我国煤资源较为丰富，价格也较低廉。20 世纪 90 年代以前，许多高层民用建筑都以此为主要热源装置。

在民用建筑中，燃煤锅炉通常采用层燃炉。其燃料种类有石煤、煤矸石、无烟煤、贫煤及烟煤等。

燃煤锅炉尽管已使用了多年，但在高层民用建筑空调供暖的使用过程中，也暴露出一系列问题：第一，它需要占用较大的地面面积（包括配套的堆运煤系统及除渣系统等），而高层民用建筑中，面积尤其是占地面积是极为受到建设单位重视的；第二，燃煤锅炉通过烟囱排出大量的灰尘及有害气体，对环境尤其是大气的污染相当严重，除下的废灰渣的处理也可能产生严重的二次污染；第三，运行管理不方便，工人的劳动强度较大；第四，自动化程度较低，无法做到全自动运行。因此，在一些大城市中，燃煤锅炉的使用不断地受到限制，甚至有的城市不允许在市区内兴建燃煤锅炉房。

2. 燃油或燃气锅炉

燃油或燃气锅炉以前在我国的应用是比较少的，这主要是因为燃油或燃气供应较为紧张，国家有关部门对此做了一些政策性规定。目前，这种状况已开始有所变化。

与燃煤锅炉相比，燃油或燃气锅炉尺寸小、占地面积少（一些较小型的锅炉房甚至可以直接放进主楼中去）、燃烧效率高、自动化程度高（可在无人值班的条件下全自动运行），给设计及运行管理都带来了较大的方便，对大气环境的影响也大大小于燃煤锅炉。

燃油或燃气锅炉目前也存在燃料价格较贵，其在建筑中的安全性也是一个问题。但从发展趋势来看，城市中逐渐采用它以替代现有燃煤锅炉。

与工业建筑相比，民用建筑的热负荷是较小的。因此，燃油锅炉一般采用轻柴油为燃料，这样对于油路系统的设计及运行管理是较为有利的。燃气锅炉的燃料有天然气、焦炉煤气等，其对环境的影响更小一些。目前，在许多工程中，针对一些暂不具备供气条件的地区的建筑，通常采用燃油燃气两用锅炉的方式，建设单位可先以油为燃料，条件具备后再以燃气为燃料。

3. 常压热水锅炉

常压热水锅炉又称为中央热水机组。与传统锅炉相比，它只能产生热水，不能产生蒸汽；同时，它的锅筒是开启的，直通大气，因而锅内压力接近常压，不属于压力容器，其使用和设置要比传统锅炉方便得多。

常压热水锅炉通常为燃油或燃气的，也有电热式的，其出水温度可调，控制在95℃以下即可。

常压热水锅炉根据换热原理可分为直接式和间接式两种。

(1) 直接式常压热水锅炉。

直接式常压热水锅炉工作原理如图4－6所示。直接式常压热水锅炉将加热的水直接提供给用户，机组水系统不能承压。因此，作为空调热源时，若设在低位时，系统为开式系统，水泵扬程将大大提高，增加能耗。否则，需另行加设换热器或将机组设在系统最高点，使用上会受到一定的限制。

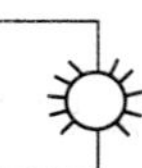

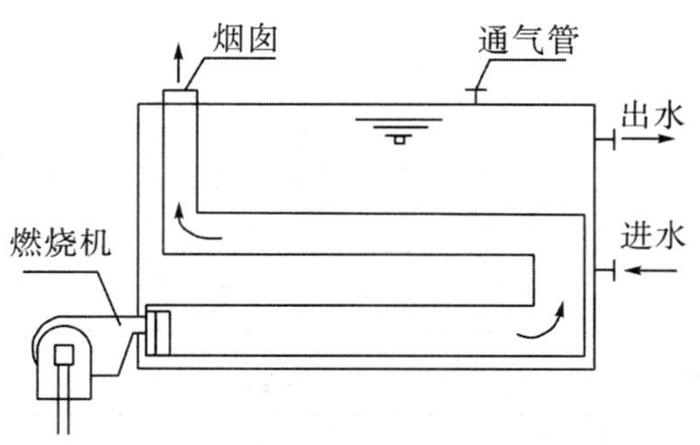

图 4－6　直接式常压热水锅炉工作原理

(2) 间接式常压热水锅炉。

间接式常压热水锅炉工作原理如图 4－7 所示。间接式常压热水锅炉是在直接式常压热水锅炉基础上，在锅筒内设置换热器，利用锅炉加热的热水来加热换热器内循环的热水，机组可承压，可很好地用作空调热源。

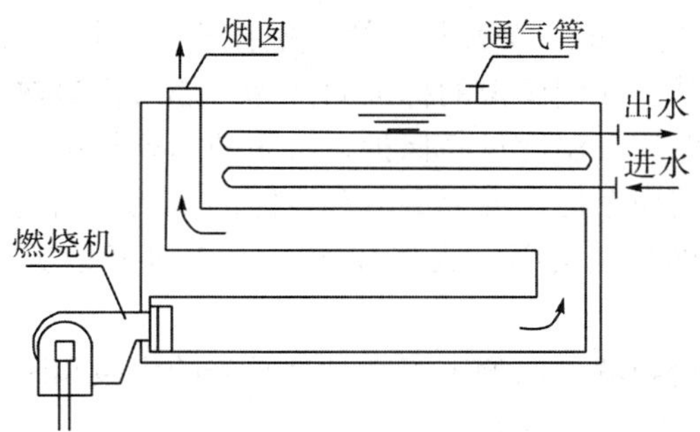

图 4－7　间接式常压热水锅炉工作原理

4. 真空热水锅炉

真空热水锅炉是利用水在不同压力下沸腾温度不同的特性进行工作的。常压下水的沸腾温度为 100 ℃，7 mmHg (1 mmHg=133.3 Pa) 的压力下，水的沸腾温度为 5 ℃，真空热水锅炉的工作压力范围通常在 200～700 mmHg。利用电热或燃料燃烧所产生的高温烟气，使热媒水温度上升至饱和温度，并在水面上产生相同温度下的饱和蒸汽。饱和蒸汽再去加热锅炉换热器内循环流动的水，蒸汽放热后则被冷却成凝结水回到水面重新加热，从而完成整个换热过程，如图 4－8 所示。真空锅炉在负压下工作，不属于压力容器。

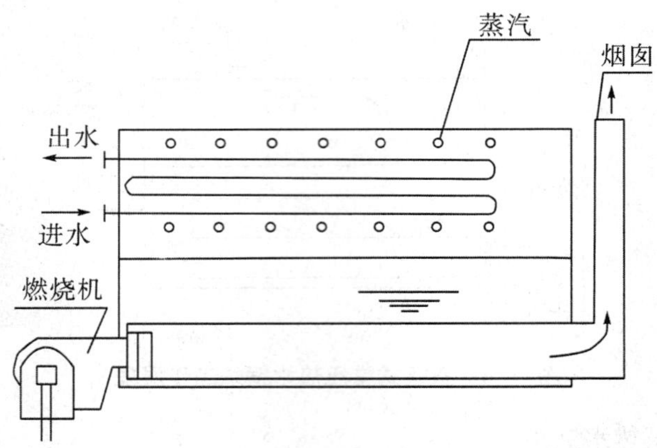

图 4-8 真空热水锅炉工作原理

二、壁挂炉

“壁挂炉”一词属于外来语，全称是“燃气壁挂式供暖炉”，燃气壁挂式供暖炉是风行欧洲几十年的成熟产品。我们国家的标准叫法为“燃气供暖热水炉”，具有防冻保护、防干烧保护、意外熄火保护、温度过高保护、水泵防卡死保护等多种安全保护措施。可以外接室内温控器，以实现个性化温度调节和节能的目的。据统计，使用室内温度控制器可以节约 20％～28％的燃气费用。从 2011 年 7 月 1 日开始实施新的燃气供暖热水炉国标 GB 25034—2010。

家里只要装一台壁挂炉就可以解决家庭日常必需的供暖和洗浴两大问题，而且是健康自然、高质量的供暖、洗浴方式。

（1）供暖。壁挂炉作为家庭独立供暖的热源，供暖热效率可达 90％以上，远高于使用煤、油、电暖、空调等的热效率。也没有集中供暖的锅炉、管道等热损失和无效的热量流失浪费。壁挂炉是一种自主控制、灵活调节的供暖方式，想什么时候开、开多高的温度、每间屋选择不同的温度都可以个性化轻松实现。

（2）洗浴。壁挂炉用于家庭日常热水洗浴是一种非常舒适、恒温、大水量的现代沐浴形式，相当于家庭洗浴中心，其舒适性、对生活品位的提高是一般的热水器、电热水器和太阳能热水器都无法比拟的。

（一）燃气壁挂炉分类

在壁挂炉诞生并进入商品时代的几十年中，包括中国在内的各国暖通产品市场上，涌现出了各式各样结构性能的壁挂炉。这些壁挂炉的类型大致如下：

（1）从燃气种类分，可分为人工煤气炉和天然气炉。

（2）按加热方式分，可分为即热式壁挂炉和容积式壁挂炉。

（3）按用途分，可分为单功能和供暖洗浴两用型，其中供暖洗浴两用型又可分为套管式壁挂炉和板换式壁挂炉。

（4）从燃烧腔压力特点分，可分为正压燃烧式壁挂炉和负压燃烧式壁挂炉。

（5）从能否回收余热的特点分，可分为普通壁挂炉和冷凝式壁挂炉。

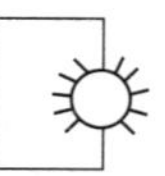

近十多年来，随着分户式独立供暖产品在中国市场的逐步应用，这种以低热值技术的普通壁挂炉为热源，以散热器或低温辐射地板供暖为末端组成的供暖系统，大约占据中国分户供暖市场的95%以上。其主要优点在于能够同时满足家庭所需的供暖和生活热水需求，较集中供暖相比更节能；不受传统的供暖时间限制，用户可以自主控制室内温度；便于计量收费，供暖费用转化为燃气费、电费、水费，解决了物业管理收费难的问题。同时这种系统也存在着一些需要提高的方面，如用户最关心的运行费用、壁挂炉的烟气排放、系统的运行稳定性等。随着壁挂炉的技术发展，壁挂炉将逐步从传统的普通燃烧技术向高热值冷凝技术发展。

冷凝式壁挂炉与普通壁挂炉的主要性能对比如下。

1. 普通燃烧技术的壁挂炉

燃烧方式：采用比例调节燃烧器即燃气量可调、进风量不可调的比例调节方式。由于壁挂炉在工作状态下燃气与新风是按比例混合燃烧的，因此，壁挂炉是否可以达到完全燃烧的混合比是至关重要的。在这种完全燃烧的混合比的工况下工作，燃烧效率高、污染排放指标低。普通燃烧技术壁挂炉弊端就是由于燃气/空气无法时时达到完全燃烧的混合比，过量空气系数在部分负荷情况下偏高，因此造成烟气带走的热损失偏大，污染排放物指标较高、热效率在部分负荷下较满负荷工况下偏低。国产产品通常满负荷下热效率可在90%左右，小负荷下热效率在85%左右。此类产品排烟温度都在120 ℃以上，废气中有害物氮氧化物（NO_x）含量约为150～200 mg/（kW·h)，一氧化碳（CO）含量约为120～200 mg/（kW·h)。

普通壁挂炉主要材质多为铜加铝翅片，使用寿命在10～15年。由于其技术含量及材料等原因，价格较为适中。目前国内大部分壁挂炉需求用户因其价格和燃气适应性因素，大多采用这类产品。

2. 高热值冷凝技术的壁挂炉

这类壁挂炉使用目前世界上先进的冷凝技术，即将烟气中的余热回收利用，其燃烧方式为全预混的比例调节。另外，冷凝壁挂炉的排烟温度最低可降到40 ℃左右，烟气中水蒸气潜热基本被充分吸收和利用，故此热效率可大于100%，最高可达109%。燃烧更完全，使得能耗很低，环保指标非常好。壁挂炉燃烧室选用不锈钢或硅铝合金材料制造，可以克服酸性腐蚀问题，因此，对壁挂炉回水温度无限制，使用寿命更高达20年以上，环保与节能性能极好。由于材料具有抗腐蚀性，因此可适用于任何供暖系统：散热器、地板供暖、风机盘管。这种产品在西欧市场的使用率在60%左右。

此类壁挂炉满足欧洲最严格的环保排放标准“蓝天使”标准。

普通壁挂炉和冷凝壁挂炉的安装及内部结构分别如图4-9、4-10所示。

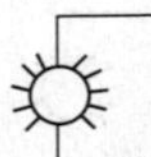

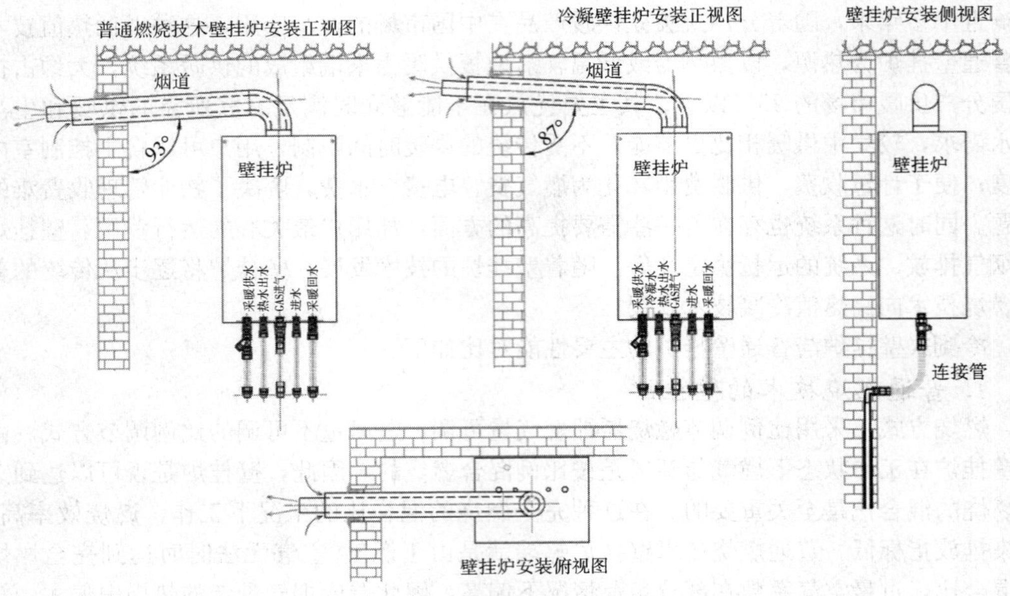

图 4－9　壁挂炉安装示意图

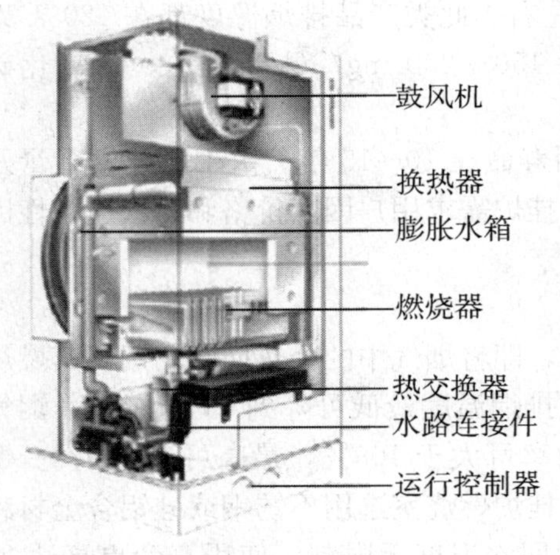

(a) 普通壁挂炉内部结构

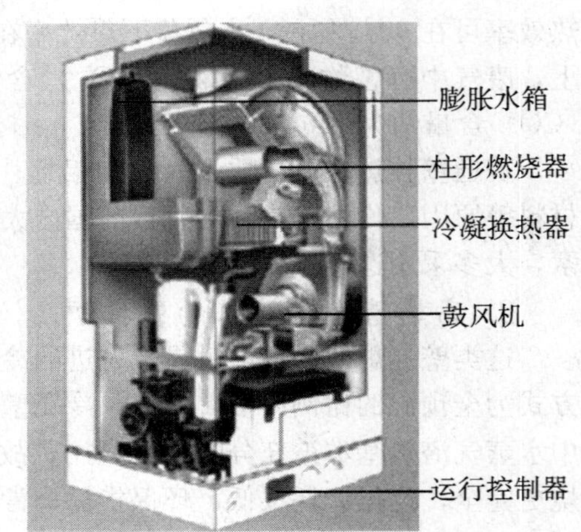

(b) 冷凝壁挂炉内部结构

图 4－10　壁挂炉内部结构

(二) 燃气壁挂炉的选择

(1) 质量可靠：由于壁挂炉是燃气类产品，产品检验必须严格。

(2) 安全保护功能：基本的功能有漏电保护、缺水保护、风压保护、电子点火感应、供暖系统防冻保护、水泵防卡滞保护、水泵旁路保护、水流量监控装置、防干烧和超温保护、供暖系统过压安全保护、熄火保护、水温传感器失效保护等。

(3) 壁挂炉输出功率的匹配：壁挂炉的输出功率一般是根据房间的面积、所在地区、室内设计温度、墙窗的保温情况以及用户的需求等综合考虑。

(4) 锅炉价格、售后服务等。

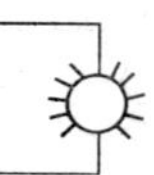

（三）壁挂炉使用注意事项

（1）使用前必须要保证家中的水、电、气充足和畅通，保持水压，壁挂炉供暖系统的工作压力在1～3 bar（千克力每平方厘米）。用户在使用前，首先应检查锅炉的水压表指针是否在规定范围内，起始标准水压为1～1.2 bar，但在实际使用过程中，由于暖气系统和锅炉内都存在一些空气，当锅炉运行时，系统中的空气不断从锅炉内的排气阀排出，锅炉的压力就会无规律地下降；在冬季取暖时，暖气系统中的水受热膨胀，系统水压会上升，待水冷却后压力又下降，此属正常现象。实验表明，壁挂炉内的水压只要保持在0.5～1.5 Pa之间就完全不会影响壁挂炉的正常使用。如水压低于0.5 Pa时，可能会造成生活热水忽冷忽热或无法正常启动，如水压高于1.5 Pa，在供暖时系统压力升高，如果超过3 Pa，锅炉的安全阀就会自动泄水，可能会造成不必要的损失，正常情况下一到两个月左右补一次水即可，

（2）安全事项，必须要保证锅炉烟管的吸、排气通畅。壁挂炉烟管的构造为双芯管，锅炉工作时由外管吸入新鲜空气，内管排出燃烧废气。锅炉燃烧时需要吸入大量空气，产生大量废气。因此烟道必须将吸、排口伸出窗外；壁挂炉在工作时，底部的暖气、热水出水管、烟管温度较高，严禁触摸，以免烫伤。

（3）冬季防冻，锅炉可以长期通电，特别是冬季，如果锅炉或暖气内已经充水，必须对锅炉设置防冻、准备充足的电和燃气，以避免暖气片及锅炉的水泵、换热器等部件被冻坏，壁挂炉一般都设有防冻保护功能。

（四）壁挂炉的保养

1. 壁挂炉的结垢原理及危害

壁挂炉的核心问题是热交换的效率和使用寿命，而影响这两个方面最大因素的就是水垢问题。尤其是在我们使用生活热水时，由于需要不断地充入新水，而且全国绝大部分地区的水质较硬，这样就使换热器的结垢率大大增大。而随着附着在换热器内壁上的水垢不断加厚，换热器管径便会越来越细，水流不畅，不仅增加了水泵及换热器的负担，而且壁挂炉的换热效率的也会大大降低，主要表现为壁挂炉耗气量增大、供暖不足、卫生热水时冷时热、热水量减小等症状。若壁挂炉的换热部件终保持在这样一种高负荷的状态下运行，对壁挂炉的损害是非常厉害的，特别是对板式换热器的危害更大，用户在选择时要特别的注意，尽量选择套管式的换热水器。而且还要选择密闭式设计的壁挂炉，这样没有大气中的氧气进入，就不可能与水中的钙、镁、钠等结合，所以减少了结垢的概率。

2. 供暖系统内杂质及水垢对壁挂炉的影响

壁挂炉担负着供暖系统内水的循环，由于水内含有杂质，对管道内部会有一定的腐蚀。加上系统内的水始终是封闭循环的，这样供暖系统管道内部的锈蚀残渣及水自身的杂质就会通过壁挂炉的循环水泵再度进入到换热器内，这些杂质在高温情况下不断分解，又有一部分变成水垢附着在换热器的内壁上让其管径变得更细。从而使循环水泵的压力进一步加大，长期运行就会造成壁挂炉的循环水泵转速降低甚至卡死，严重影响其使用寿命。

3. 定期清洗保养

(1) 可以提高壁挂炉热交换的效率，降低燃气消耗量。

(2) 延长壁挂炉的使用寿命，通过内部清洗除垢可有效降低水泵、换热器等主要部件的负荷，从而使锅炉运转更加顺畅，延长其使用寿命。

(3) 增加壁挂炉运行的安全性，通过上门清洗并对壁挂炉运行进行专业的全面检测及调试，能及时、有效地发现并消除壁挂炉在运行中存在的问题从而确保壁挂炉能够安全运行。

(4) 出现以下情况时建议对壁挂炉供暖系统进行清洗保养：壁挂炉已经不间断地使用了两个以上的供暖季；感觉壁挂炉燃气使用量比以前增大；壁挂炉供暖时间增长、热水时冷时热、单位时间内热水出水量减小；壁挂炉运转声音增大，不时会发出异响。

(五) 冷凝式壁挂炉与地板供暖的优势结合

1. 供暖系统的回水温度影响

对于传统的80～60 ℃供回水温度系统，在整个供暖期间，室外温度在低于−3 ℃的情况下，系统需求温度都会低于烟气的露点温度57 ℃。对于普通燃烧技术的壁挂炉需要采用混水装置来降低供水温度和提高回水温度，以避免壁挂炉内部长期低于露点温度；而对于冷凝式壁挂炉，完全满足直接供给地板供暖需求的水温，不受此限制。

2. 供暖系统热效率和节能的考虑

按照国内壁挂炉的能效标准GB 20665—2006，供回水温度为80～60 ℃时普通壁挂炉全负荷的效率在90%左右，冷凝式壁挂炉全负荷则在99%左右。而根据EN483，在供回水温度50 ℃/30 ℃时全负荷效率则为105%左右，最高能达到109%。而供回水温度50 ℃/30 ℃刚好满足地板供暖要求，无需让冷凝式壁挂炉运行在低效率的高温段，可充分发挥冷凝式壁挂炉的节能作用。单单从壁挂炉热效率来看，冷凝式壁挂炉要比普通壁挂炉的热效率高出15%～20%左右。而地板供暖相对于普通散热器供暖效率要高出12%左右，冷凝式壁挂炉和地板供暖两者相结合相比于普通壁挂炉和普通散热器的结合效率要高出30%左右。冷凝式壁挂炉和地板供暖的结合无疑是最为节能的选择，节能的同时，烟气的污染物排放也大大降低。

3. 热源对供暖系统负荷变化的适应性

供暖系统的负荷随着室外温度的变化而变化，同时因使用人群的供暖要求不同，供暖的负荷也不同。普通壁挂炉因其自身的燃气和空气调节装置限制了其负荷的适应范围，一般在40%～100%，甚至最小负荷更高。刚开始供暖时，供暖的负荷需求较低，而最冷时供暖负荷需求最大。很难选择一款既能满足各种负荷需求，又能平均运行费用最低的产品。而冷凝式壁挂炉则很好地解决了负荷的适应性问题，其全预混的结构和宽广的调节比例范围可更好地适应用户和气候的变化。其负荷范围一般为30%～100%，最小可以做到20%。冷凝式壁挂炉可以为用户提供更节能、更环保、更能适应特殊情况的热源。

(六) 壁挂炉地暖系统安装

壁挂炉地暖系统安装连接如图4−11～4−14所示。

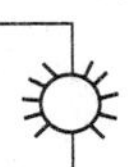

单用炉+蓄热水箱
地暖供热+生活热水

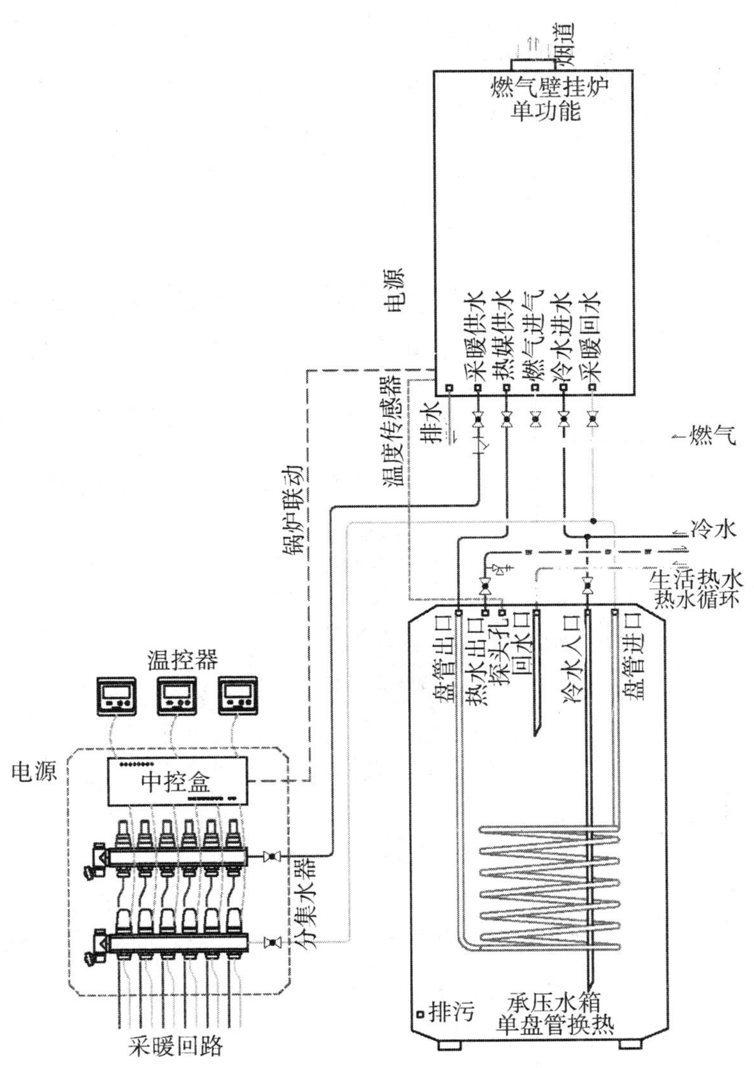

注：不同品牌锅炉的连接方式不同，此图供参考使用。

图 4－11　壁挂炉地暖系统安装连接示意图（1）

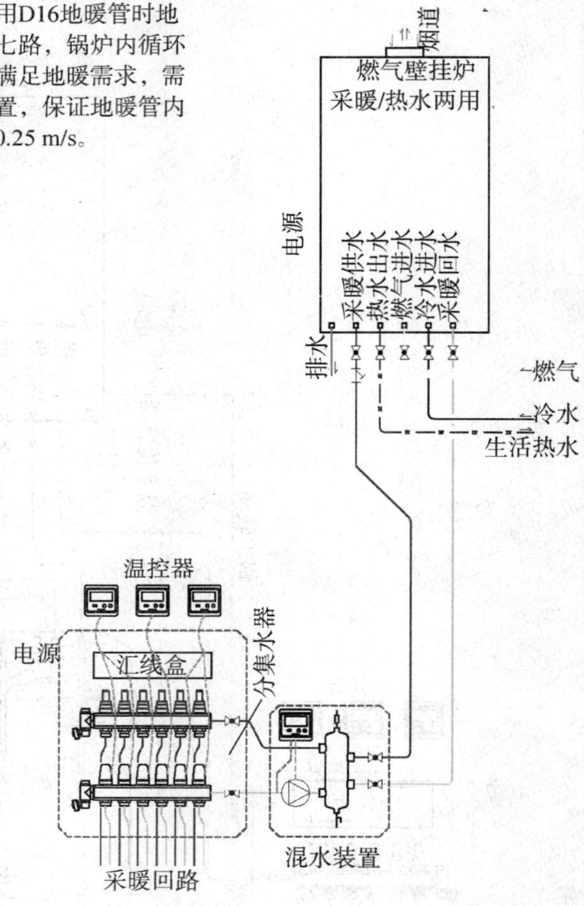

注：不同品牌锅炉和混水装置的连接方式不同，此图供参考使用。

图 4－12　壁挂炉地暖系统安装连接示意图（2）

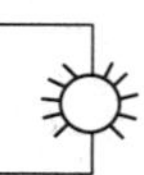

两用炉+混水装置+多套分集水器
地暖供热+直供生活热水

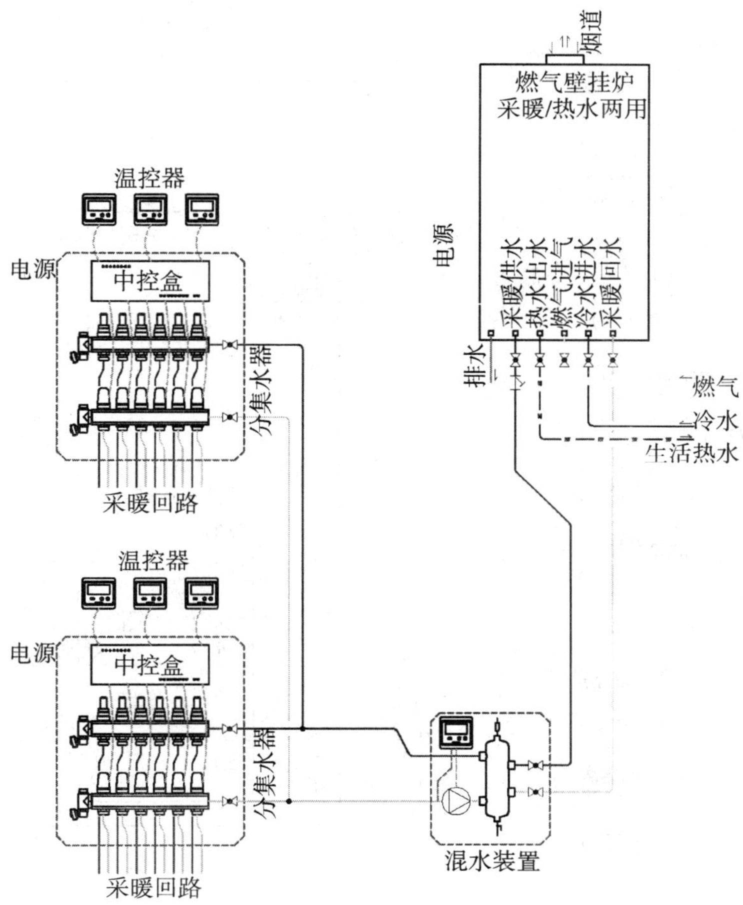

注：不同品牌锅炉和混水装置的连接方式不同，此图供参考使用。

图 4－13　壁挂炉地暖系统安装连接示意图（3）

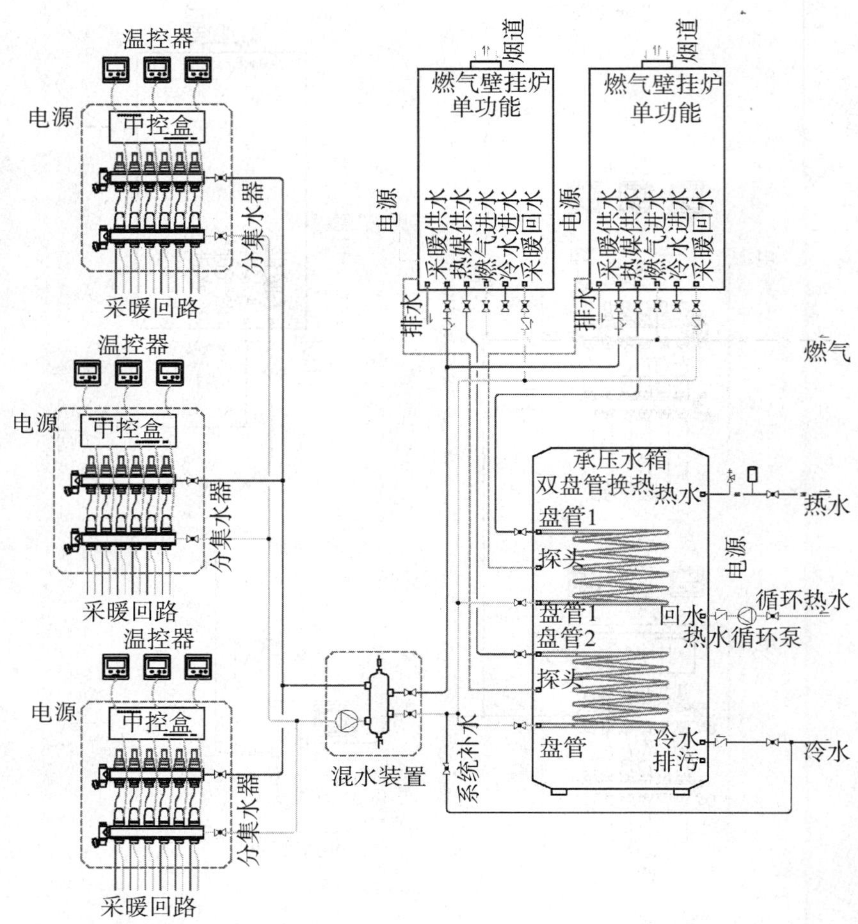

注：不同品牌锅炉和混水装置的连接方式不同，此图供参考使用。

图 4－14　壁挂炉地暖系统安装连接示意图（4）

三、热泵

若制冷系统以消耗少量的功由低温热源取热，向需热对象供应更多的热量为目的，则称热泵。采用热泵供暖既可提高效率、节约能量，又可免除用锅炉供暖对环境的污染；而且一套制冷设备既可在夏季制冷，又可在冬季供暖，实现一机多用。

在实际使用中，热泵的性能系数 COP（热泵的供暖量与输入功率的比值）可达到 2.5～4。也就是说，用热泵得到的热能是消耗电能热当量的 2.5～4 倍。

热泵取热的低温热源可以是室外空气、室内排气、土壤或地下水以及废弃不用的其

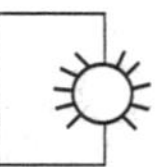

他热。

据估计，全世界在100 ℃左右低温用热的耗能量占总耗能量的1/2左右。把石油、煤炭、天然气等高品位的一次能源和电能等高品位的二次能源无效降级而获得100 ℃左右的低位能，有效损失太大；另一方面接近环境温度的大量低温位能和余热没被利用。因为低位的余热用一般热交换器回收，其效率是很低的。热泵可将不能直接利用的低位能余热提高热位后变为有用能。所以，利用热泵是有效利用低位能的一种节能的技术手段。从这个角度讲，有人称热泵为“特殊能源”。

（一）空气源热泵

空气源热泵是以室外空气为热源的热泵机组，如家用空调器、商用单元式热泵空调机组、智能多联空调系统、VRV系统和风冷热泵冷热水机组。热泵空调器已占家用空调器销量的40%～50%，年产量为400余万台。在夏热冬冷地区，热泵冷热水机组得到了广泛的应用。它的优点是安装方便、使用简单，并可以冬夏两用（通过冷凝器和蒸发器的相互转换）。其主要缺点是室外空气温度愈低时，室内热需求量愈大，而机组的供暖量反而减少，效率愈低。因此，使用空气源热泵机组必须精确地计算热负荷，并在此基础上选择合适的辅助热源加以配合。此外，当室外空气温度较低时，室外换热器上还会结霜，这对传热不利。必要时，需采用除霜循环（实际是制冷循环）加以消除。

1. 空气源热泵的工作原理及构成

由生活常识中我们可以知道，热水可以自己慢慢向空气中放热，冷却成冷水，这表明热量可以从温度高的物体传递到温度低的物体——空气。那么可不可以将这个过程反过来进行，将温度较低的空气中的能量向冷水中转移呢？由热力学第二定律可知：热量是不会自动从低温物体传到高温物体的。这就是说，热量能自发的从高温物体传向低温物体，而不能自发地从低温物体传向高温物体。但这并不是说热量就不能从低温物体传向高温物体。大家都知道，热量总是从高温向低温传递，像水一样从高处流向低处。能把水从低处提升到高处的设备叫水泵。同理使热量从低温提升成高温的设备叫“热泵”。消耗一定的机械能，将空气中低温热能“泵送”到高温位来供应热量需求的设备叫“空气源热泵”。

一台完整的空气能热泵包含2个主要部分：制造冷气部分和加热热水部分。但其实这两个部分又是紧密地联系在一起的，密不可分，必须同时工作。即在加热热水的同时，给厨房制冷；或者说在给厨房制冷的同时也在加热热水。

其内部结构主要由压缩机、冷凝器、膨胀阀、蒸发器四个核心部件组成。

其工作流程是：压缩机将回流的低压冷媒压缩后，变成高温高压的气体排出，高温高压的冷媒气体流经缠绕在水箱外面的铜管，热量经铜管传导到水箱内，冷却下来的冷媒在压力的持续作用下变成液态，经膨胀阀后进入蒸发器，由于蒸发器的压力骤然降低，因此液态的冷媒在此迅速蒸发变成气态，并吸收大量的热量。同时，在风扇的作用下，大量的空气流过蒸发器外表面，空气中的能量被蒸发器吸收，空气温度迅速降低，变成冷气排进厨房。随后吸收了一定能量的冷媒回流到压缩机，进入下一个循环。

由以上的工作原理可以看出，空气源热泵的工作原理与空调原理有一定相似，应用了逆卡诺原理，通过吸收空气中大量的低温热能，经过压缩机的压缩变为高温热能，传递到水箱中，把水加热起来。整个过程是一种能量转移过程（从空气中转移到水中），不是能量转换的过程，没有通过电加热元件加热热水，或者燃烧可燃气体加热热水。

总之不管是任何空调，都遵循能量守恒原理：能量（冷热）交换的过程，制冷是把室内的热量交换到外面，如果是风冷机就把热量交换到大气中，现在大部分空调就是这样工作的，一定程度上导致局部气温上升，而这里指的是空气源热泵把释放的能量送到水箱里交换热量。制热就反过来。

冷媒的循环：气态→液态→气态，气态在压缩机压力下变成液态过程要产生热量，热量排出后液态冷媒变冷了流到室内交换管道与室内空气交换变成冷气，此时变成了气态冷媒。

2. 空气源热泵特点

（1）安全：由于它不是采用电热元件直接加热，故相对电热水器而言，杜绝了漏电的安全隐患；相对燃气热水器来讲，没有燃气泄漏，或一氧化碳中毒之类的安全隐患，因而具有更卓越的安全性能。

（2）节能：其耗电量只有等量电热水器的三分之一。

（3）空调制冷：这个是最大的优势，可与中央空调使用同一台主机。普通热水器（如电热水器、燃气热水器、太阳能热水器等）无制冷功能。

（4）低碳环保：使用中无二氧化碳、二氧化硫等有害废气。空气源热泵只是将周围空气中的热量转移到水中，完全做到零排放。专家指出，努力发展太阳能、核能、水电等新兴替代能源，建立能源的多元化格局，是保证我国经济安全的一项重要措施。而空气源热泵采用的技术是全世界备受关注的新节能技术，也是目前世界上继燃煤、燃油锅炉和电热水器、燃气热水器、太阳能热水器之后节能、安全、环保的热水方式之一。空气源热泵在美国、澳大利亚、瑞典等发达国家已经普及应用，20 世纪 90 年代传入我国，目前发展势头看好。在节能减排已经成为时代潮流的今天，节约能源、减少碳排放是最时尚的生活方式。前面已经提到，空气源热泵采用的是逆卡诺原理，将空气中的能量转移到水中，不是直接用电热元件加热，因此其能效可达到电热水器的 4 倍，即加热等量的热水，耗电量相当于电热水器的四分之一，大大节约了电力的消耗。中国的电力 70％是通过火电厂烧煤产生的，节约电力意味着减少碳的排放。

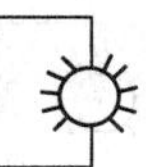

3. 空气源热泵供暖系统

空气源热泵分户供暖系统如图 4－15 所示。

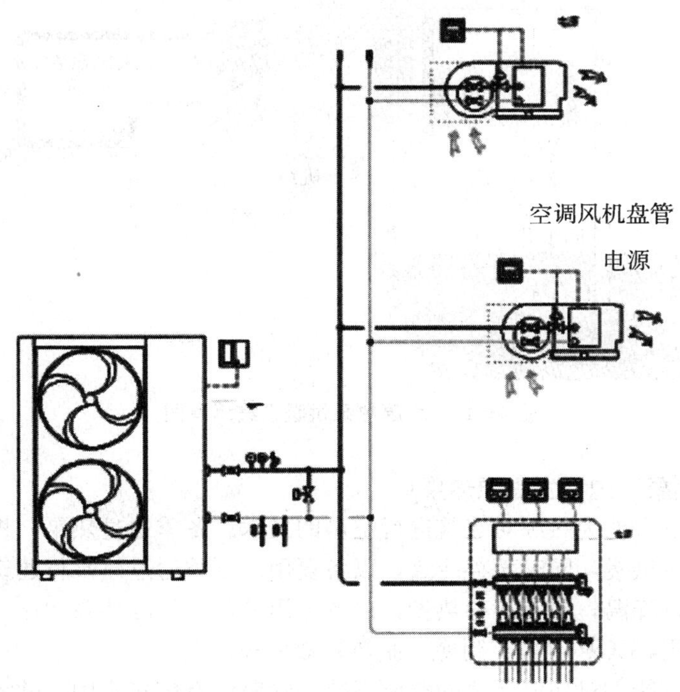

注：夏季供冷与冬季供热共用一套主机设备，冬季空气源热泵为热源地暖供热，夏季为冷源空调制冷。

图 4－15　空气源热泵分户供暖系统基本方案

（二）水源热泵

水源热泵是以低温热水为热源的热泵机组，如图 4－16 所示。通常可利用地下水、地表水，包括江、河、湖水、海水、污水的热能。图 4－17 所示即为一个由内区产热作为热源，经热泵机组向周边区供暖的系统图。这种热泵将大型建筑物内区的照明、机械设备以及人体等散热收集在一个闭环水系统内作为热源。图内的冷却塔是在夏季热泵机组按制冷循环和房间供冷时使用的，辅助热源可在内区热源不能满足要求时给以补充供暖。

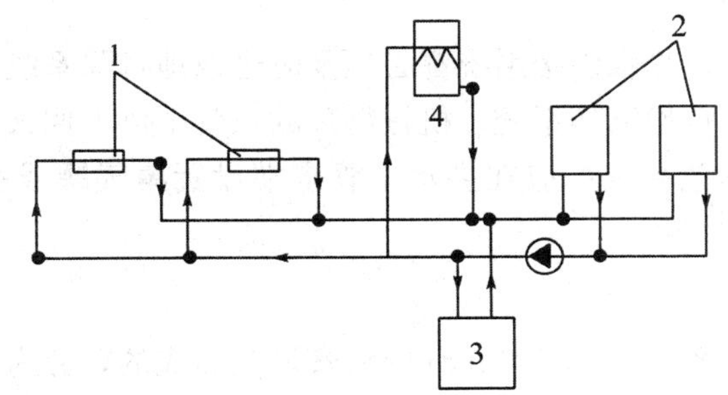

1—吸收内部热盘管；2—热泵机组；3—辅助热源；4—冷却塔

图 4－16　水源热泵

水源热泵具有节省运行费用的明显优势，其利用研究正在全面深入展开。

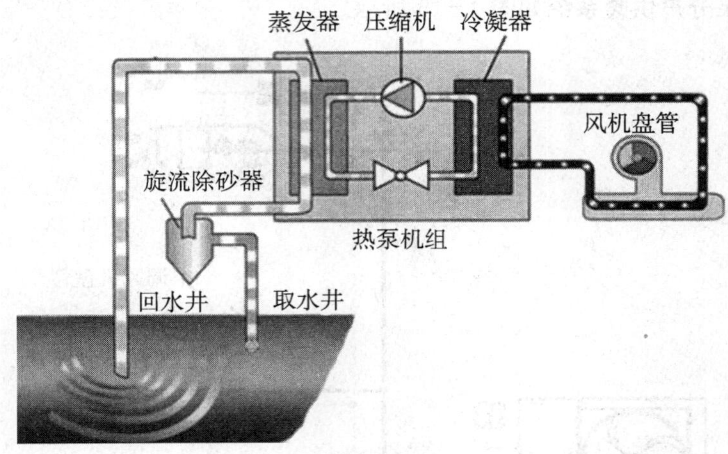

图 4－17　水源热泵供暖系统示意图

（三）地源热泵（也称土壤源热泵）

地源热泵是以大地为热源对建筑进行空调的技术。冬季通过热泵，将大地中的低位热能提高后对建筑供暖，同时蓄存冷量，以备夏用；夏季通过热泵将建筑内的热量转移到地下对建筑进行降温，同时蓄存热量，以备冬用。与空气源热泵相比，它可以充分发挥地下蓄能的作用，COP 值高，制冷（制热）效率稳定。

这也是一种节能、对环境无害的空调系统，欧美已有较多应用，欧洲偏重于冬季供暖，美国、加拿大则冷暖联供。我国在技术研究方面已取得较大进展，正处于应用推广阶段。

第三节　附属设备

一、排气装置

自然循环和机械循环热水供暖系统都必须及时迅速地排除系统内的空气，才能保证系统正常运行。其中，自然循环系统、机械循环的双管下供下回式及倒流式系统可以通过膨胀水箱排空气，其他系统都应在供水干管末端设置集气罐或手动、自动排气阀排空气。

（一）集气罐

集气罐一般是用直径∅100～250 mm 的钢管焊制而成的，分为立式和卧式两种，每种又有Ⅰ、Ⅱ两种形式，如图 4－18 所示。集气罐顶部连接直径∅15 的排气管，排气管应引至附近的排水设施处，排气管另一端装有阀门，排气阀应设在便于操作的地方。

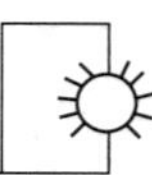

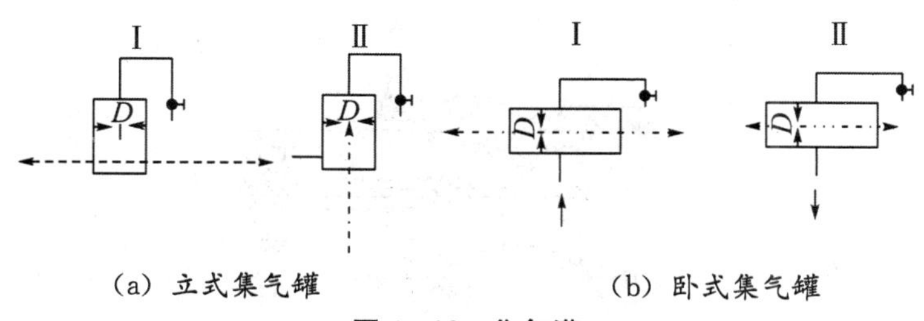

(a) 立式集气罐　　　　(b) 卧式集气罐

图 4－18　**集气灌**

集气罐应设于系统供水干管末端的最高点处。当系统充水时，应打开排气阀，直至有水从管中流出，方可关闭排气阀；系统运行期间，应定期打开排气阀排除空气。

可根据如下要求选择集气罐的规格尺寸：

(1) 集气罐的有效容积应为膨胀水箱有效容积的 1%。

(2) 集气罐的直径应大于或等于干管直径的 1.5～2 倍。

(3) 应使水在集气罐中的流速不超过 0.05 m/s。

集气罐的规格尺寸见表 4－2。

表 4－2　**集气罐规格尺寸**

规格	型号				国标图号
	1	2	3	4	
D（mm）	100	150	200	250	T903
H（*L*）（mm）	300	300	320	430	
重量（kg）	4.39	6.95	13.76	29.29	

（二）自动排气阀

自动排气阀大都是依靠水对浮体的浮力，通过自动阻气和排水机构，使排气孔自动打开或关闭，达到排气的目的。

自动排气阀的种类很多，图 4－19 所示是一种立式自动排气阀。当阀内无空气时，阀体中的水将浮子浮起，通过杠杆机构将排气孔关闭，阻止水流通过。当系统内的空气经管道汇集到阀体上部空间时，空气将水面压下去，浮子随之下落，排气孔打开，自动排除系统内的空气。空气排除后，水又将浮子浮起，排气孔重新关闭。自动排气阀与系统连接处应设阀门，以便检修自动排气阀。

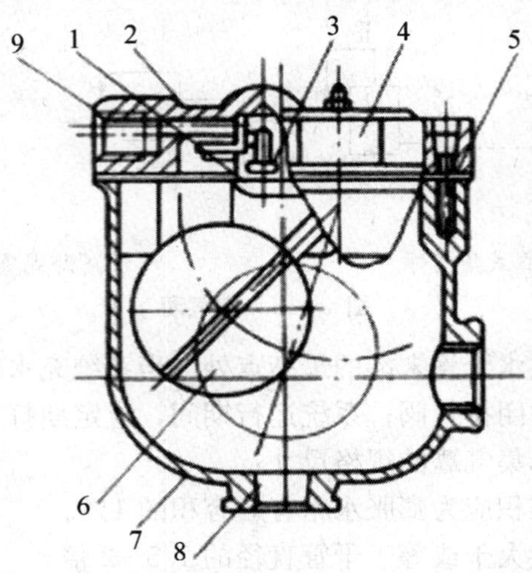

1—杠杆机构；2—垫片；3—阀堵；4—阀盖；5—垫片；6—浮子；7—阀体；8—接管；9—排气孔

图 4－19 立式自动排气阀

（三）手动排气阀

手动排气阀适用于公称压力 $p \leqslant 600$ kPa，工作温度 $T \leqslant 100$ ℃的水或蒸汽供暖系统的散热器上。如图 4－20 所示为手动排气阀，它多用在水平式和下供下回式系统中，旋紧在散热器上部专设的丝扣上，以手动方式排除空气。

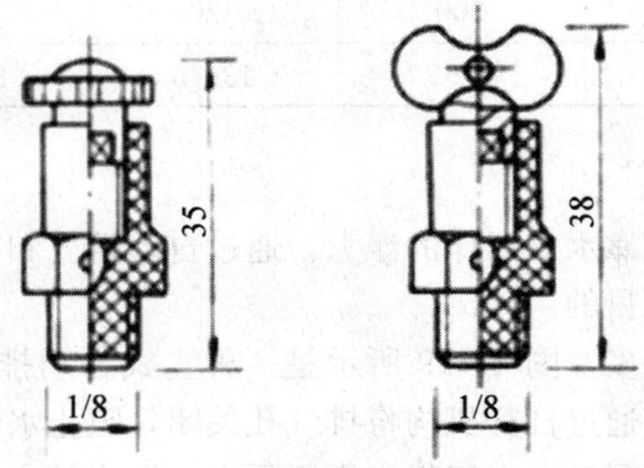

图 4－20 手动排气阀

二、除污器

除污器可用来截留过滤管路中的杂质和污物，保证系统内水质洁净，减少阻力，防止堵塞调压板及管路。除污器一般应设置于供暖系统入口调压装置前、分户计量热量表前、锅炉房循环水泵的吸入口前和热交换设备入口前。另外在一些小孔口的阀前（如自动排气阀）宜设置除污器或过滤器。

除污器的形式有立式直通、卧式直通和卧式角通三种。图 4－21 所示是供暖系统常用的立式直通除污器。它是一种钢制筒体，当水从管 2 进入除污器内，因流速降低使水中污物沉淀到筒底，较洁净的水经带有大量过滤小孔的出水管 3 流出。

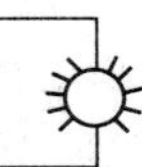

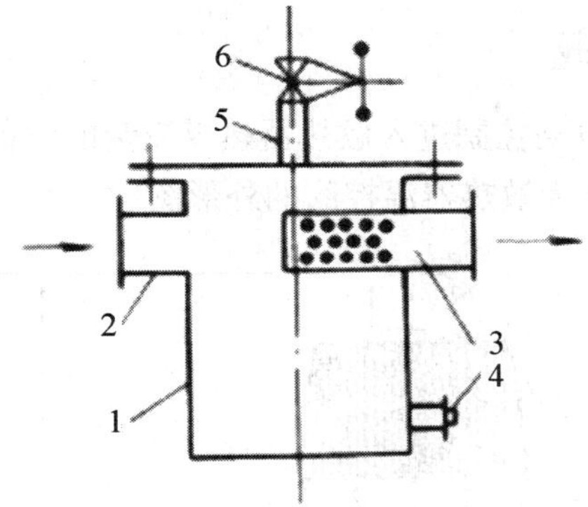

1—外壳；2—进水管；3—出水管；4—排污管；5—放气管；6—截止阀

图 4—21　立式直通除污器

除污器的型号可根据接管直径选择。除污器前后应装设阀门，并设旁通管供定期排污和检修使用，除污器不允许装反。

三、热量表

进行热量测量与计算，并作为计费结算依据的计量仪器称为热量表（也称热表）。热量表构造如图 4—22 所示。根据热量计算方程，一套完整的热量表应由以下三部分组成：

（1）热水流量计，用以测量流经换热系统的热水流量。

（2）一对温度传感器，分别测量供水温度和回水温度，进而得到供回水温差。

（3）计算仪（也称积分仪），根据与其相连的流量计和温度传感器提供的流量及温度数据，通过热量计算方程可计算出用户从热交换系统中获得的热量。

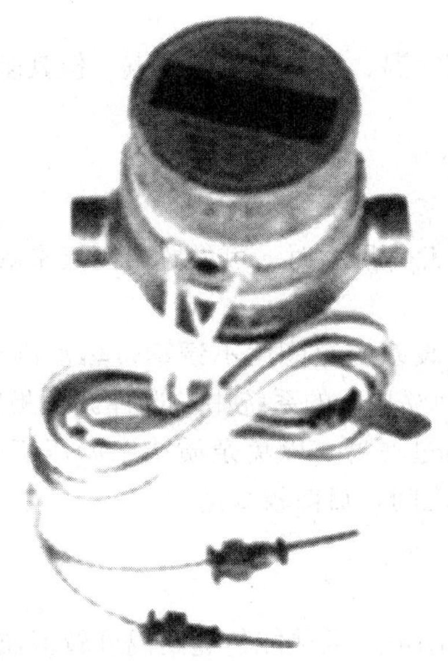

图 4—22　热量表构造图

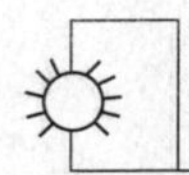

四、散热器温控阀

散热器温控阀是一种自动控制进入散热器热媒流量的设备，它由阀体部分和感温元件控制部分组成。图 4－23 为散热器温控阀的外形图。

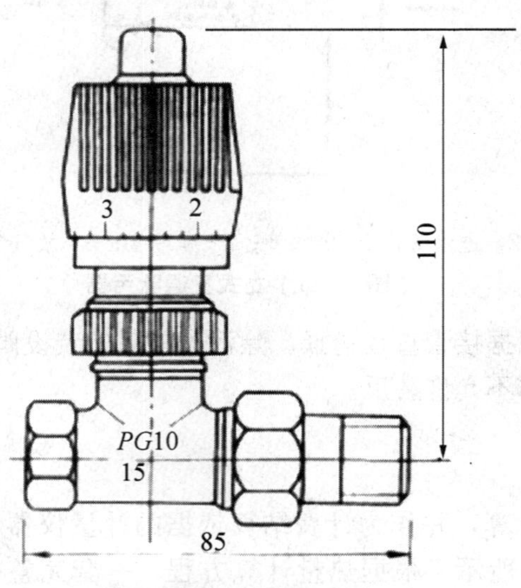

图 4－23 散热器温控阀

当室内温度高于给定的温度值时，感温元件受热，其顶杆压缩阀杆，将阀口关小，进入散热器的水流量会减小，散热器的散热量也会减小，室温随之下降。当室温下降到设置的低限值时，感温元件开始收缩，阀杆靠弹簧的作用抬起，阀孔开大，水流量增大，散热器散热量也随之增加，室温开始升高。温控阀的控温范围在 13～28 ℃之间，控温误差为±1 ℃。

散热器温控阀具有恒定室温、节约热能等优点，但其阻力较大（阀门全开时，局部阻力系数 ξ 可达 18.0 左右）。

五、调压板

当外网压力超过用户的允许压力时，可设置调压板来减少建筑物入口供水干管上的压力。

调压板的材质，蒸汽供暖系统只能用不锈钢，热水供暖系统可以用铝合金或不锈钢。调压板用于压力 $p<1\ 000$ kPa 的系统中。选择调压板时孔口直径不应小于 3 mm，且调压板前应设置除污器或过滤器，以免杂质堵塞调压板孔口。调压板的厚度一般为 2～3 mm，安装在两个法兰之间，目前较少适用。

六、换热器

换热器是用来把温度较高流体的热能传递给温度较低流体的一种热交换设备。换热器可集中设在热电站或锅炉房内，也可以根据需要设在热力站或热用户引入口处。

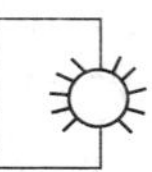

（一）换热器分类

根据热媒种类的不同，换热器可分为汽－水换热器（以蒸汽为热媒）、水－水换热器（以高温热水为热媒）。根据换热方式的不同，换热器可分为表面式换热器（被加热热水与热媒不接触，通过金属表面进行换热）、混合式换热器（被加热热水与热媒直接接触，如淋水式换热器、喷管式换热器等）。

（二）常用换热器形式及构造

1. 壳管式换热器

（1）壳管式汽－水换热器。

①固定管板式汽－水换热器，如图 4－24(a)所示。

它主要由带有蒸汽进出口连接短管的圆形外壳、小直径管子组成的管束、固定管束的管栅板、带热水进出口连接短管的前水室及后水室组成。蒸汽在管束外表面流过，被加热水在管束的小管内流过，通过管束的壁面进行热交换。管束通常采用铜管、黄铜管或锅炉碳素钢钢管，少数采用不锈钢管。钢管承压能力高，但易腐蚀，铜管、黄铜管导热性能好，耐腐蚀，但造价高。一般超过 140 ℃的高温热水加热器最好采用钢管。

通常在前后水室中间加隔板，使水由单流程变成多流程，以有利于强化传热，流程通常取偶数。采用最多的是二行程和四行程形式。

固定管板式汽—水换热器结构简单，造价低。但蒸汽和被加热水之间温差较大时，由于壳、管膨胀性不同，热应力大，会引起管子弯曲或造成管束与管板，管板与管壳之间开裂，造成泄漏。此外管间污垢较难清理。

这种形式的汽—水换热器只适用小温差，压力低，结垢不严重的场合。当壳程较长时，常需在壳体中部加波形膨胀节，以达到热补偿的目的，如图 4－24(b)是带膨胀节的壳管式汽－水换热器。

②U 形壳管式汽－水换热器，如图 4－24(c)所示。

它是将管子弯成 U 形，再将两端固定在同一管板上。由于每根管均可自由伸缩，解决了因热膨胀而可能出现开裂漏气的问题。缺点是管内污垢无法机械清洗，管板上布置的管子数目受限，使单位容量和单位重量的传热量较少。一般适用于温差大、水质较好的场合。

③浮头壳管式汽－水换热器，如图 4－24(d)所示。

其特点是浮头侧的管栅板不与外壳相连，该侧管栅板通常可封闭在壳体内，可以自由伸缩。浮头式汽－水换热器除热补偿好外，还可以将管束从壳体中整个拔出，便于清洗。

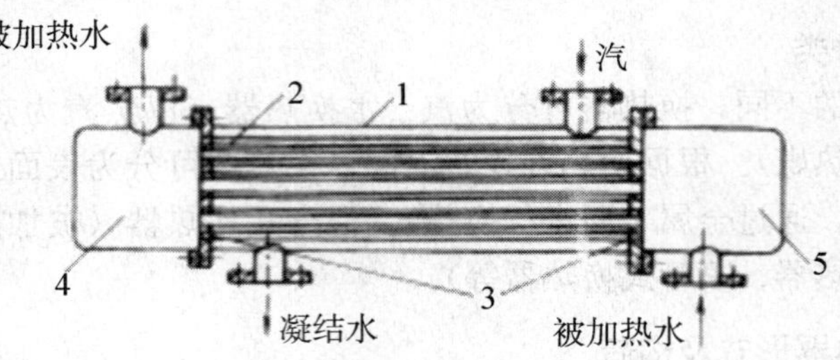

(a) 固定管板式汽一水换热器

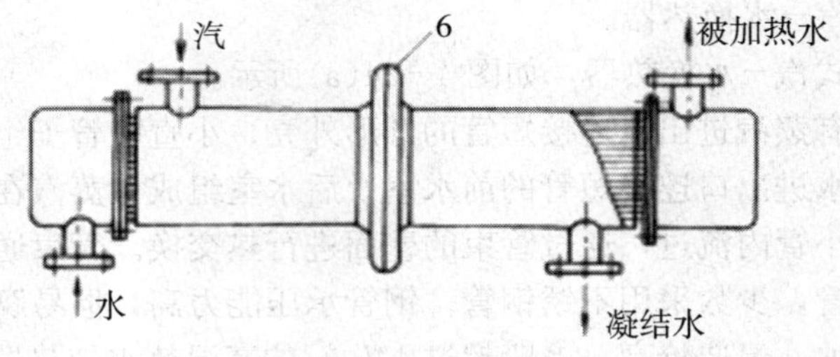

(b) 带膨胀节的壳管式汽一水换热器

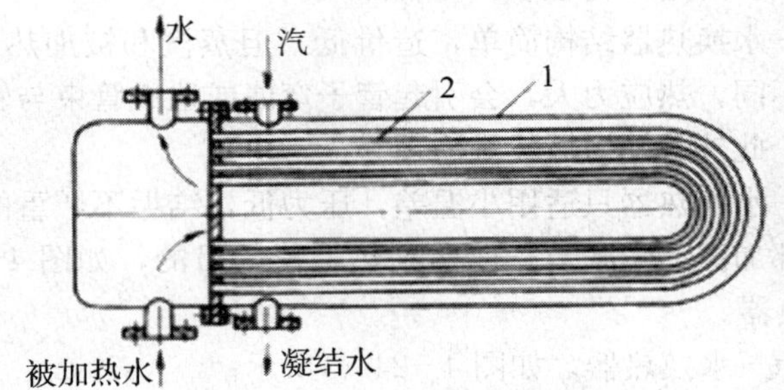

(c) U形壳管式汽一水换热器

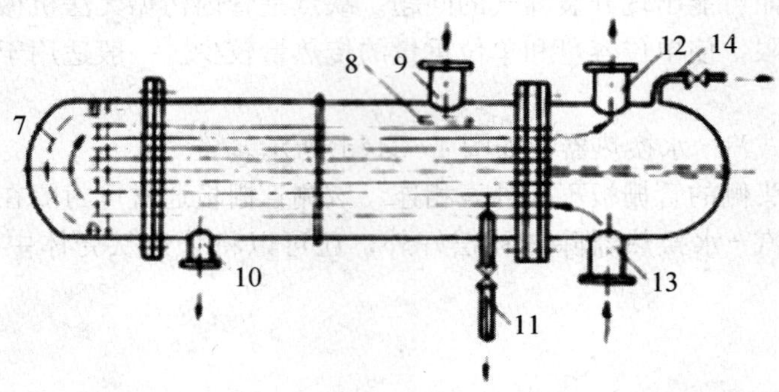

(d) 浮头壳管式汽一水换热器

1一外壳；2一管束；3一固定管栅板；4一前水室；5一后水室；6一膨胀节；7一浮头；8一挡板；9一蒸汽入口；10一凝结水出口；11一汽侧排气管；12一被加热水出口；13一被加热水入口；14一水侧排气管

图4-24 壳管式汽一水换热器

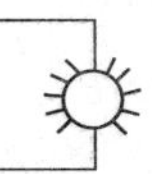

（2）分段式水－水换热器。

如图 4－25 所示，分段式水－水换热器是由若干段带有管壳的整个管束组成，各段之间用法兰连接。每段采用固定管板，外壳上带有波形膨胀节，以补偿管子的热膨胀。分段后既能使流速提高，又能使冷、热水成逆流方式，提高了传热效率。此外换热面积的大小还可以采用不同的分段数来调节。

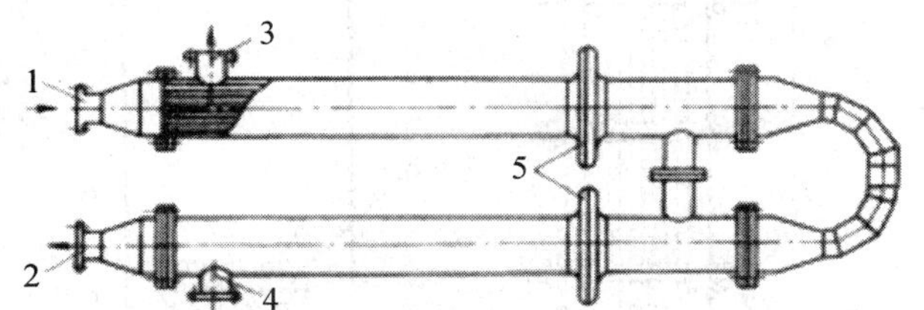

1—被加热水入口；2—被加热水出口；3—加热水出口；4—加热水入口；5—膨胀节

图 4－25　分段式水－水换热器

（3）套管式水－水换热器。

如图 4－26 所示，套管式是最简单的一种壳管式，它是由钢管组成管套管的形式。套管之间用焊接连接。套管式换热器的组合换热面积小。

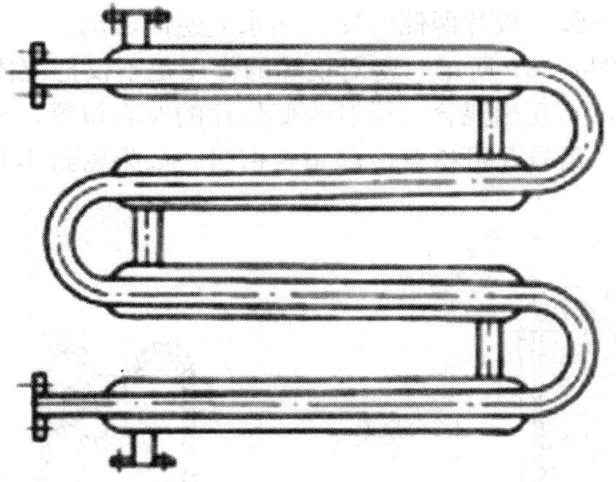

图 4－26　套管式水－水换热器

2. 板式换热器

如图 4－27 所示，它是由许多传热板片叠加而成，板片之间用密封垫片密封，冷、热水在板片之间流动，两端用盖板加螺栓固定。

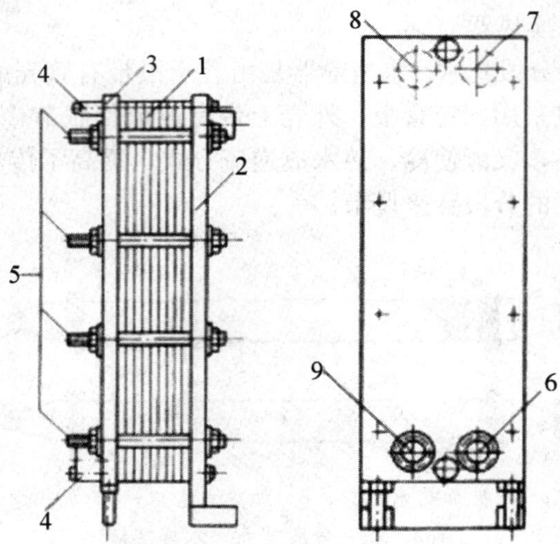

1—加热板片；2—固定盖板；3—活动盖板；4—定位螺栓；5—压紧螺栓；
6—被加热水进口；7—被加热水出口；8—加热水进口；9—加热水出口

图 4－27　板式换热器

板片的结构形式很多，图 4－28 所示为人字形换热板片。在安装时应注意水流方向要和人字纹路的方向一致，板片两侧的冷、热水应逆向流动。

密封垫片形式如图 4－29 所示，密封垫片的作用是不仅把流体密封在换热器内，而且使冷热流体分隔开，不互相混合。通过改变垫片的左右位置，使冷热流体在换热器中交替通过人字形板面。信号孔可检查内部是否密封，如果密封不好而有渗漏时，信号孔就会有流体流出。

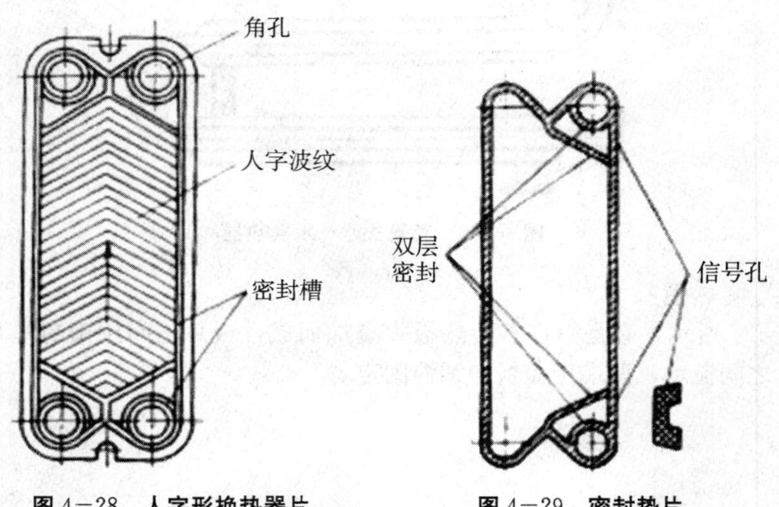

图 4－28　人字形换热器片

图 4－29　密封垫片

板式换热器传热系数高，结构紧凑，适应性好，拆洗方便，节省材料。但板片间流通截面窄，水质不好形成水垢或沉积物时容易堵塞；密封垫片耐温性能差时，容易渗漏和影响使用寿命。

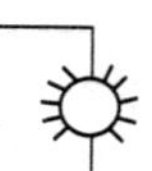

3. 容积式换热器

容积式换热器分为容积式汽—水换热器［如图 4—30（a）所示］和容积式水—水换热器［如图 4—30（b）所示］。这种换热器兼起储水箱的作用，外壳大小可根据储水的容量确定。换热器中 U 形弯管管束并联在一起。

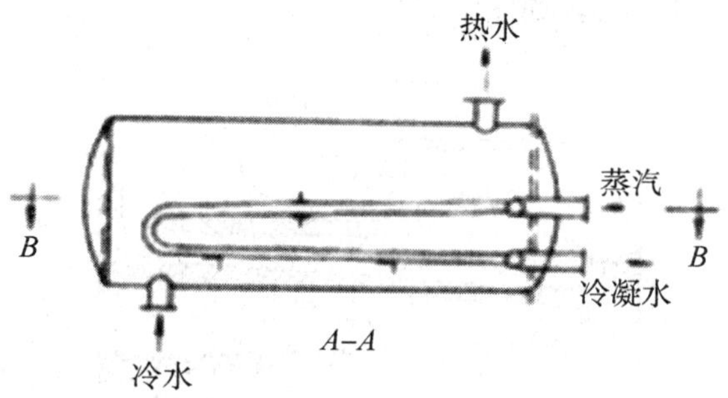

（a）容积式汽—水换热器

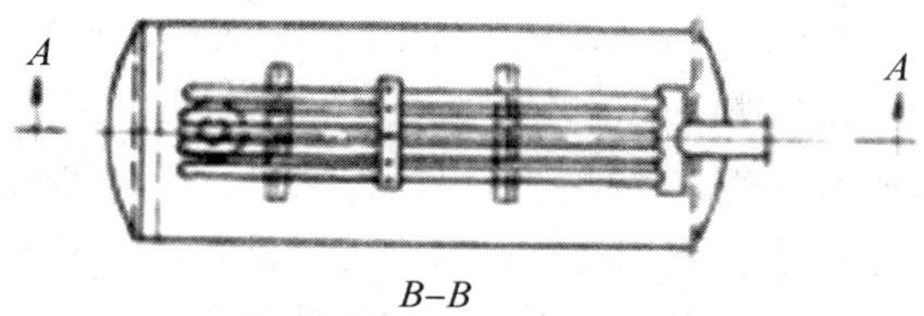

（b）容积式水—水换热器

图 4—30 容积式水—水换热器

容积式换热器易于清除水垢，主要用于热水供应系统，但其传热系数比壳管式换热器低。

4. 混合式换热器

（1）淋水式汽—水换热器，如图 4—31 所示。

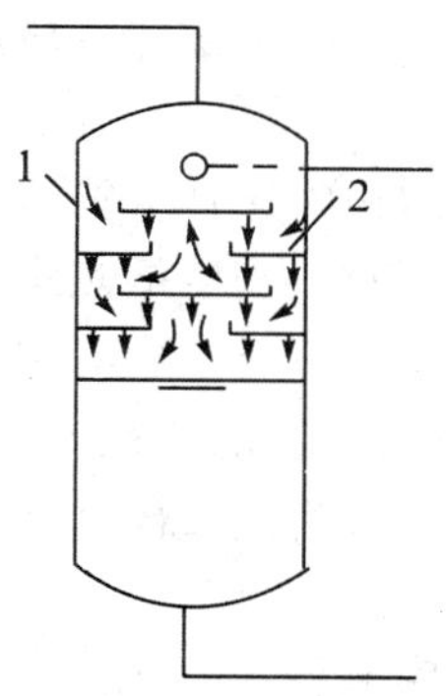

1—壳体；2—淋水板

图 4—31 淋水式换热器

它主要由壳体和淋水板组成。蒸汽和被加热水从上部进入，为了增加水和蒸汽的接触面积，在加热器内装了若干级淋水盘，水通过淋水盘上的细孔分散地落下和蒸汽进行热交换，加热器的下部用于蓄水并起膨胀容积的作用。淋水式汽－水加热器可以代替热水供暖系统中的膨胀水箱，同时还可以利用壳体内的蒸汽压力对系统进行定压。

淋水式换热器换热效率高，在同样设计热负荷时换热面积小，设备紧凑。由于是混合式换热，没有凝结水回收，需增加集中供热系统热源处水处理设备的容量。

(2) 喷射式汽－水换热器，如图 4－32 所示。

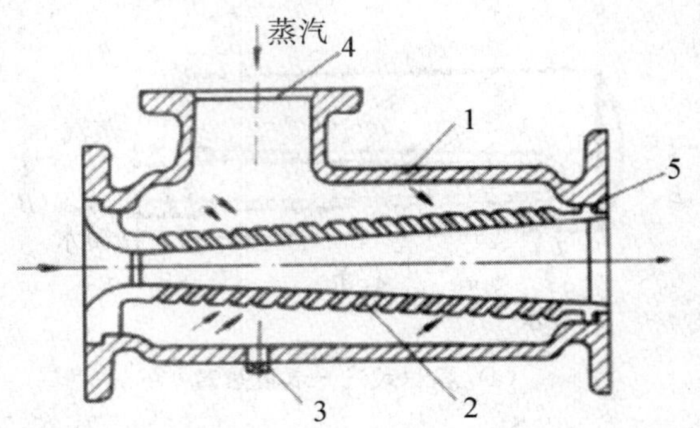

1－外壳；2－喷嘴；3－泄水栓；4－网盖；5－填料

图 4－32　喷射式汽－水换热器

喷射式汽－水换热器由外壳、喷嘴、泄水栓、网盖、填料等组成。蒸汽通过喷管壁上的倾斜小孔射出，形成许多蒸汽细流，同时引射水流，使汽和水迅速混合，而将水加热。蒸汽与水正常混合时，要求蒸汽压力至少应比换热器入口水压高出 0.1 MPa 以上。

喷射式汽－水换热器体积小，制造简单，安装方便，调节灵敏，加热温差大，运行平稳。但换热量不大，一般只用于热水供应和小型热水供暖系统上。

(三) 换热器的选择

换热器的选择应符合下列规定：

(1) 间接连接系统应选用工作可靠、传热性能良好的换热器，生活热水系统还应根据水质情况选用易于清除水垢的换热设备。

(2) 换热器台数的选择和单台能力的确定应适应热负荷的分期增长，并考虑供热可靠性的需要。

(3) 热水供应系统换热器换热面积的选择应符合下列规定：

①当热用户有足够容积的储水箱时，按生活热水日平均热负荷选择；

②当热用户没有储水箱或储水容积不足，但有串联缓冲水箱（沉淀箱，储水容积不足的容积式换热器）时，可按最大的热负荷选择；

③当热用户无储水箱，且无串联缓冲水箱（水垢沉淀箱）时，应按最大秒流量选择。

换热器的选择一般应按下列程序进行：

①调查和了解使用单位的性质，对供热介质种类、参数和热负荷的要求；

②调查和了解一级供热热网的介质种类、参数；

③搜集和整理换热器及与工程有关的原始资料；

④确定换热器的形式和台数。

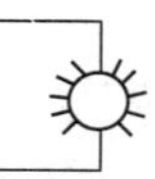

在确定换热器形式时，需考虑热负荷、冷热流体参数、单位性质、供水水质等情况。在确定换热器台数时，要考虑热负荷的变化，应能灵活地调节和调整换热器运行台数及工作容量，以适应热用户昼夜、季节热负荷的变化。同时，要考虑基建投资、运行费用、设备性质等情况。

目前选择换热器时，一般依据厂方提供的换热器产品样本，按上述程序进行选用。

七、喷射器及除污器

（一）水喷射器

水喷射器也称混水器。它是由喷嘴、引水室、混合室和扩压管所组成。如图 4－33 所示。

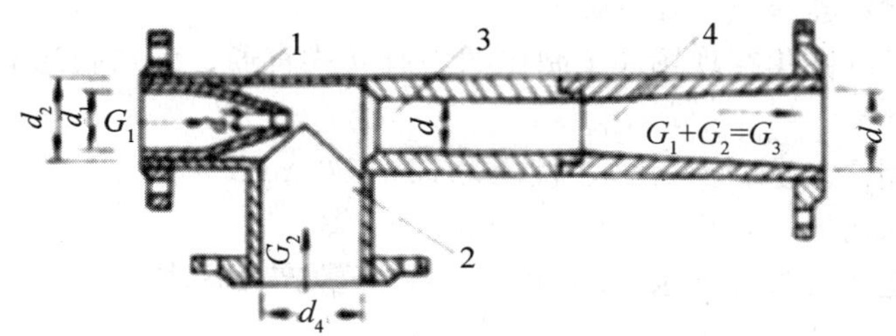

1—喷嘴；2—引水室；3—混合室；4—扩压管

图 4－33　喷射式

水喷射器的工作流体与被引射流体均为水。从热网供水管进入混水器的高温水在其压力作用下，由喷嘴高速喷射出来，在喷嘴出口处形成低于热用户系统的回水的压力，将热用户系统的一部分回水吸人并一起进入混合室。在混合室内两者进行热能与动能交换，使混合后的水温达到热用户要求，再进入扩压管。在渐扩型的扩压管内，热水的流速逐渐降低而压力逐渐升高，当压力升至足以克服热用户系统阻力时被送入热用户。

（二）蒸汽喷射器

1. 蒸汽喷射器的构造与工作原理

蒸汽喷射器的构造及工作原理与水喷射器类似，也是由喷嘴、引水室、混合室、扩压管等部件组成，如图 4－34 所示。蒸汽喷射器的喷嘴多为缩扩型。混合室有圆锥形与圆柱形两种。

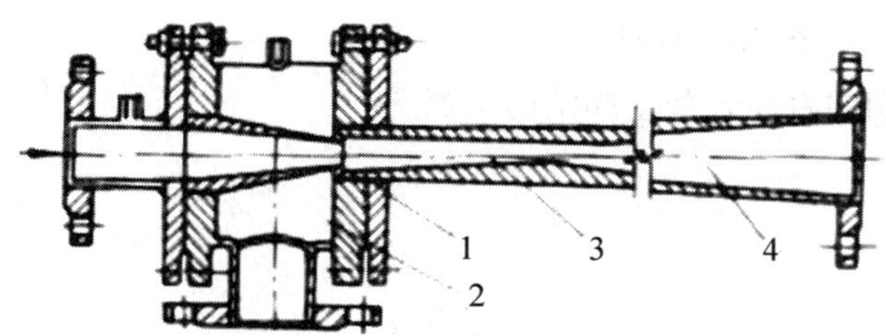

1—喷嘴；2 引水室；3—混合室；4—扩压管

图 4－34　蒸汽喷射器构造图

蒸汽喷射器使用蒸汽作为工作流体和动力，加热并推动供暖系统的循环水在系统内工作。

2. 蒸汽喷射器的选择

蒸汽喷射器的选择是根据热源提供的蒸汽压力、供暖系统的热负荷、供回水温度、系统的压力损失及膨胀水箱的安装高度等，查阅有关图表选择喷射器型号，再根据标准图给出的各部件的具体几何尺寸进行加工制作。具体选择可参考有关资料或产品样本。

（三）除污器

除污器用于清除热网系统中的杂质和污垢，保证系统内水质清洁，减少阻力，防止堵塞和保护热网设备，是供热系统中一个十分重要的部件。

除污器一般放在热用户入口调压装置之前，集水器总回水管上或水泵入口处。

目前常用的除污器有以下几种类型：

(1) 按国家标准图集在现场加工制作的，有立式直通、卧式直通和卧式角通三种，直径为 40～450 mm。

(2) SG 型（水）、QG 型（汽），直径为 15～450 mm。

(3) 旋流式除污器，直径为 40～500 mm。

除污器的构造图可参考国家标准图集和生产厂家产品样本。

除污器选择要点如下：

(1) 除污器接管直径可与干管直径相同。

(2) 除污器的工作压力和最高允许介质温度应与热网条件相符。

(3) 除污器横截面水流速宜取 0.05 m/s。

(4) 安装在需经常检修处的除污器，宜选择连续排污型的除污器，否则应设旁通管。

(5) 除污器旁应有检修位置，对于较大的除污器，应设起吊设施。

八、常用阀门

阀门是用来开闭管路和调节输送介质流量的设备，其主要作用是：接通或截断介质；防止介质倒流；调节介质压力、流量等参数；分离、混合或分配介质；防止介质压力超过规定数值，以保证管路或容器、设备的安全。

1. 截止阀

截止阀按介质流向可分为直通式、直角式和直流式（斜杆式）三种。按阀杆螺纹的位置可分为明杆和暗杆两种结构形式。

图 4-35 是常用的直通式截止阀结构示意图。

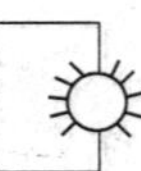

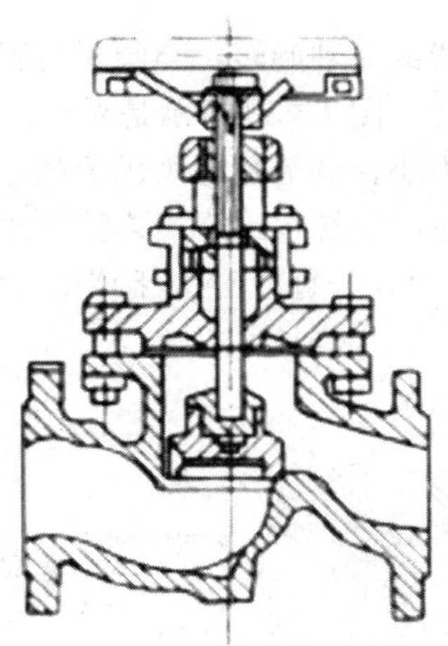

图 4－35　**直通式截止阀**

截止阀关闭时严密性较好，但阀体长、介质流动阻力大，产品公称直径不大于 200 mm。

2. 闸阀

闸阀按结构形式分为明杆和暗杆两种，按闸板的形状分为楔式与平行式两种，按闸板的数目分为单板和双板两种。

图 4－36 所示是明杆平行式双板闸阀，图 4－37 是暗杆楔式单板闸阀。闸阀关闭时严密性不如截止阀好，但阀体短、介质流动阻力小。

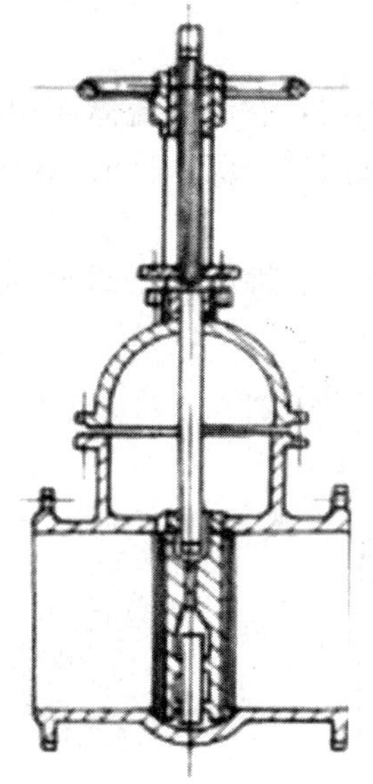

图 4－36　**明杆平行式双板闸阀图**

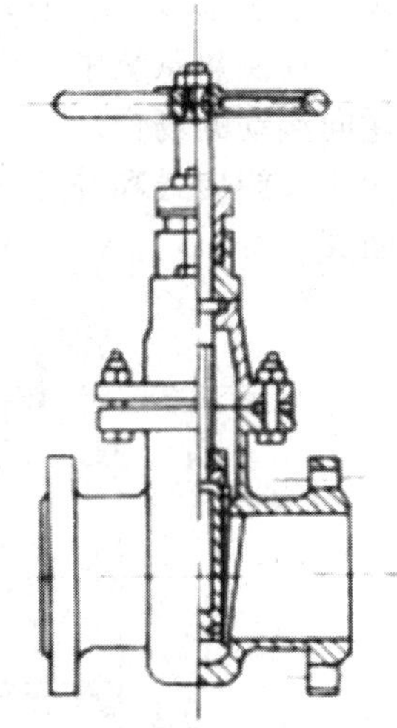

4－37　**暗杆楔式单板闸阀**

截止阀和闸阀主要起开闭管路的作用，由于其调节性能不好，不适于用来调节流量。

3. 蝶阀

蝶阀是阀板沿垂直管道轴线的立轴旋转，当阀板与管道轴线垂直时，阀门全闭；阀板与管道轴线平行时，阀门全开。图 4－38 所示是涡轮传动型蝶阀。

蝶阀阀体长度小，流动阻力小，调节性能稍优于截止阀和闸阀，但造价高。

截止阀、闸阀和蝶阀可用法兰、螺纹或焊接连接方式。传动方式有手动传动（小口径）、齿轮、电动、液动和气动等。公称直径大于或等于 500 mm 的阀门，应采用电动驱动装置。

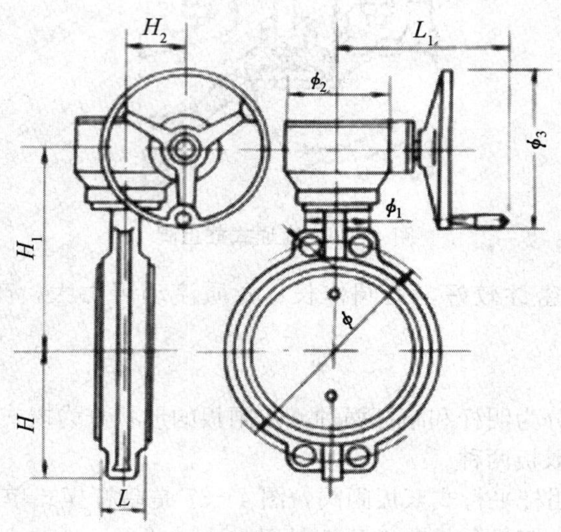

图 4－38　蝶阀结构示意图

4. 止回阀

止回阀用来防止管道或设备中的介质倒流的一种阀门，它利用流体在阀前阀后的压力差而自动启闭。在供热系统中，止回阀常设在水泵的出口，疏水器的出口管道以及其他不允许流体逆向流动的场合。

常用的止回阀有旋启式和升降式两种。图 4－39 所示是旋启式止回阀，图 4－40 所示是升降式止回阀。

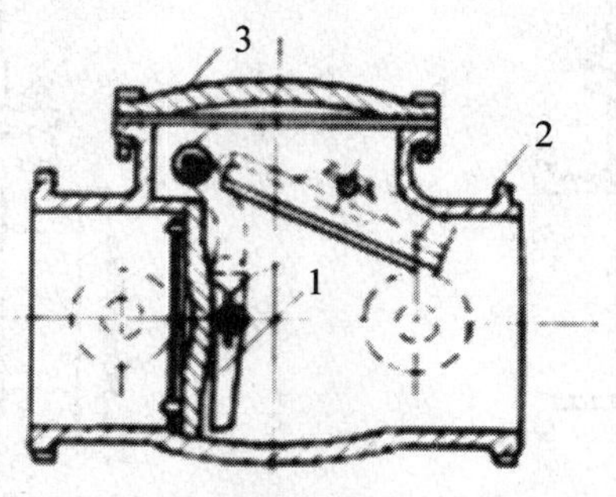

1—阀瓣；2—阀体；3—阀盖

图 4－39　旋启式止回阀

升降式止回阀密封性能较好，但只能安装在水平管道上，一般用于公称直径小于

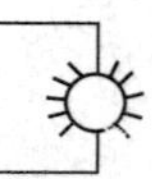

200 mm 的水平管道上。旋启式止回阀密封性稍差些，一般多用在垂直向上流动或大直径的管道上。

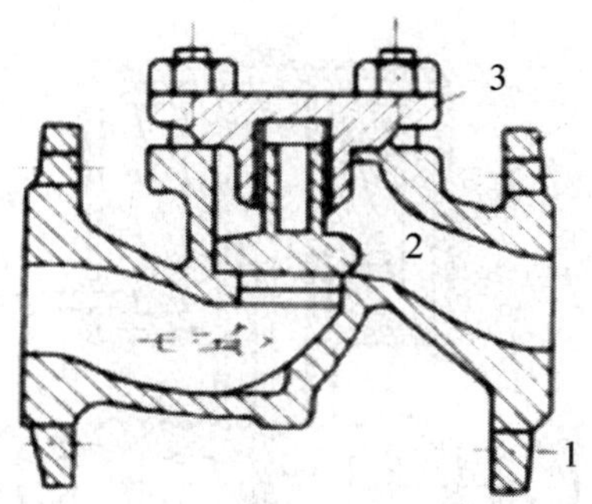

1—阀体；2—阀瓣；3—阀盖

图 4—40　升降式止回阀

5. 手动调节阀

当需要调节供热介质流量时，在管道上可设置手动调节阀。手动调节阀阀瓣呈锥形，通过转动手轮调节阀瓣的位置可以改变阀瓣下边与阀体通径之间所形成的缝隙面积，从而调节介质流量，如图 4—41 所示。

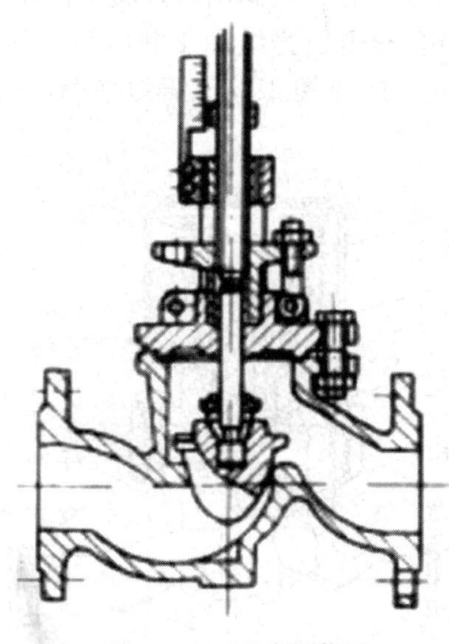

图 4—41　手动调节阀

6. 电磁阀

电磁阀是自动控制系统中常用的执行机构。它依靠电流通过电磁铁后产生的电磁吸力来操纵阀门的启闭，电流可由各种信号控制。常用的电磁阀有直接启闭式和间接启闭式两类。

图 4—42 所示为直接启闭式电磁阀，它由电磁头和阀体两部分组成。电磁头中的线圈 3 通电时，线圈 3 和衔铁 2 产生的电磁力使衔铁 2 带动阀针 1 上移，阀孔被打开。电流切断时，电磁力消失，衔铁 2 靠自重及弹簧力下落，阀针 1 将阀孔关闭。

直接启闭式电磁阀结构简单，动作可靠，但不宜控制较大直径的阀孔，通常阀孔直径在 3 mm 以下。

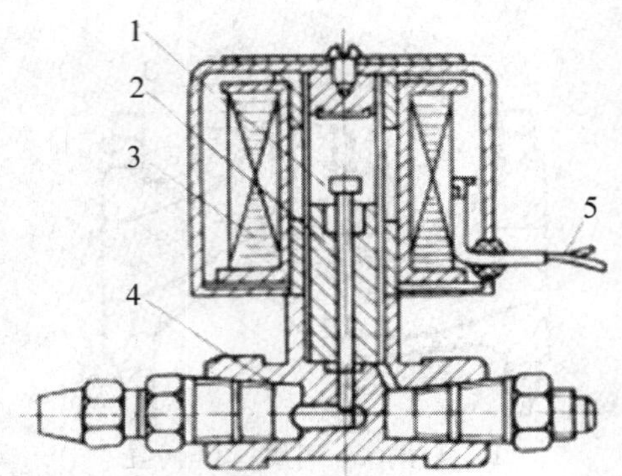

1—阀针；2—衔铁；3—线圈；4—阀体；5—电源线

图 4—42　直接启闭式电磁阀

图 4—43 为间接启闭式电磁阀，大阀孔常采用间接启闭式电磁阀。阀的开启过程分为两步：当电磁头中的线圈 1 通电后，衔铁 2 和阀针 3 上移，先打开孔径较小的操纵孔，此时浮阀 4 上部的流体从操纵孔流向阀出口，其上部压力迅速降低，浮阀 4 在上下压力差的作用下上升，于是阀门全开。当线圈 1 断电后，阀针 3 下落，先关闭操纵孔，流体通过平衡孔进入上部空间，使浮阀 4 上下压力平衡，而后在自重和弹簧力的作用下，再将阀孔关闭。

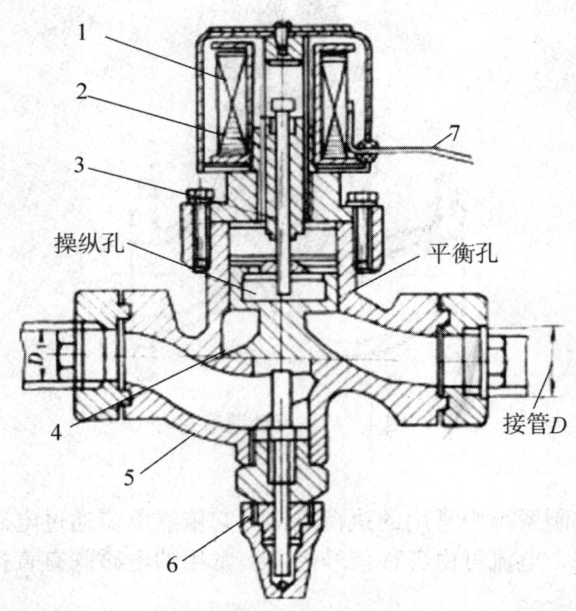

1—线圈；2—衔铁；3—阀针；4—浮阀；5—阀体；6—调节杆；7—电源线

图 4—43　间接启闭式电磁阀

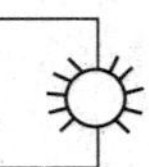

7. 平衡阀

平衡阀属于调节阀范畴，它的工作原理是通过改变阀芯与阀座的间隙（开度），来改变流经阀门的流动阻力，以达到调节流量的目的。

国内开发的平衡阀与平衡阀专用智能仪表已经投入市场应用了多年，如图 4－44 所示。可以有效地保证热网水力及热力平衡。实践证明，凡应用平衡阀并经调试水力平衡后，可以很好地达到节能目的。

图 4－44　平衡阀及其智能仪表

平衡阀与普通阀门的不同之处在于有开度指示、开度锁定装置及阀体上有两个测压小阀。在热网平衡调试时，用软管将被调试的平衡阀测压小阀与专用智能仪表连接，仪表能显示出流经阀门的流量值（及压降值），经与仪表人机对话向仪表输入该平衡阀处要求的流量值后，仪表经计算、分析，可显示出管路系统达到水力平衡时该阀门的开度值。

平衡阀可安装在供水管上，也可安装在回水管上，每个环路中只需安装一处。对于一次环路来说，为了使平衡调试较为安全起见，建议将平衡阀安装在回水管路上，总管平衡阀宜安装在供水总管水泵后。

8. 自力式调节阀

自力式调节阀就是一种无需外来能源，依靠被调介质自身的压力、温度、流量变化自动调节的节能仪表，具有测量、执行、控制的综合功能，广泛适用于城市供热、供暖系统及其他工业部门的自控系统。采用该控制产品，节能功能十分明显。

（1）自力式流量调节阀。

自力式流量调节阀又称作定流量阀或最大流量限制器。在一定的压差范围内，它可以有效地控制通过的流量。当阀门前后的压差增大时，阀门自动关小，保持流量不变；反之，当压差减小时，阀门自动开大，流量仍然恒定；但是当压差小于阀门正常工作范围时，阀门就全开，但流量则比定流量低。

图 4－45 所示为三个不同构造的进口定流量阀。这种形式的定流量阀的感应压力部分为膜盒膜片，节流部分则为阀芯。导流管将阀前后的压力连通到膜室上下，前后压力分别在膜片上产生的作用力与弹簧反作用力相平衡，从而确定了阀芯与阀座的相对位置，确定了流经阀的流量。这种定流量阀可以通过改变弹簧预紧力来改变设定流量值，

在一定流量范围内均有效。

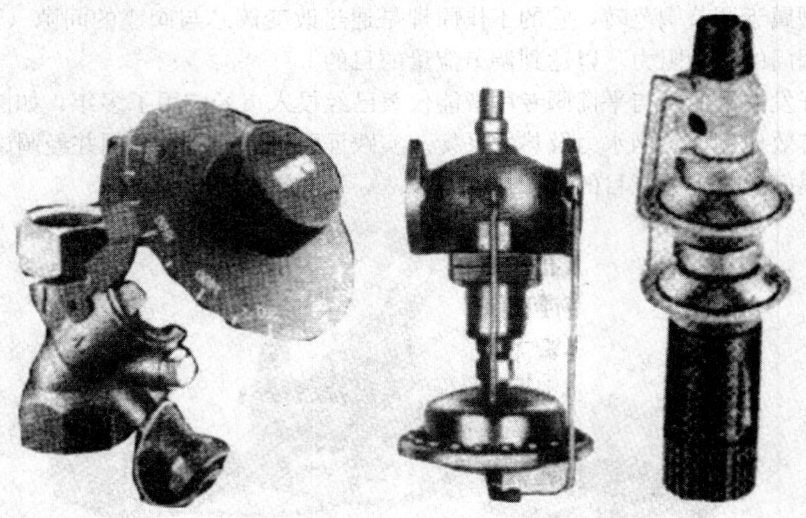

图 4－45　三种进口定流量阀

图 4－46 所示为一种国产双座阀形式的定流量阀，结构上可以分作两部分，通过手动调节段来设定流量，通过自动调节段来控制流量，这种阀门有较宽的流量设定范围，具有很好地稳定流量的效果。

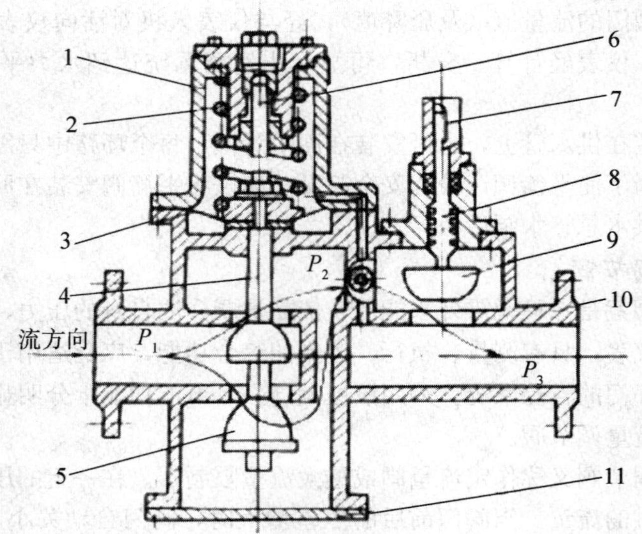

1－弹簧罩；2－弹簧；3－膜片；4－自动阀杆；5－自动阀瓣；6－顶杆；
7－流量刻度尺；8－手动阀杆；9－手动阀瓣；10－阀体；11－下盖

图 4－46　国产定流量阀

（2）自力式压差调节阀。

如图 4－47 所示。该阀门通过不同的连接方式做三种不同的控制调节：阀后压力调节、阀前压力调节和压差调节。

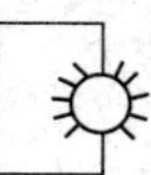

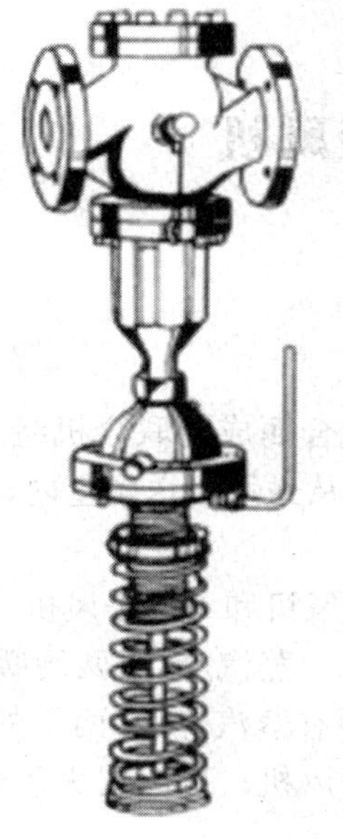
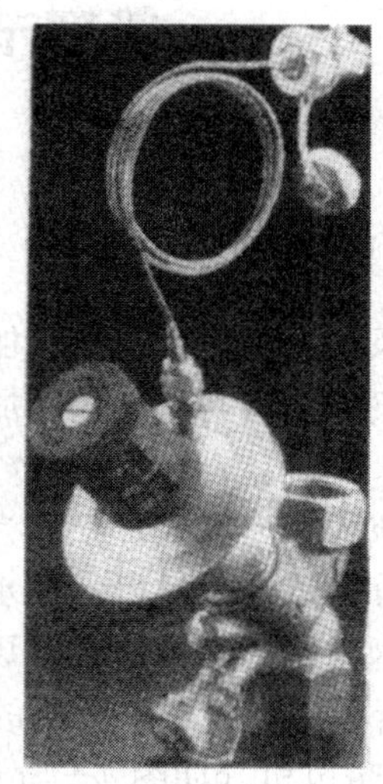

图 4-47　自力式压差控制阀

①阀后压力调节的工作原理。

工艺介质的阀前压力 p_1，经过阀芯、阀座的节流后，变为阀后压力 p_2，p_2经过控制管线输入执行器的下膜室作用在膜片上，产生的作用力与弹簧的反作用力相平衡，决定了阀芯、阀座的相对位置，控制阀后的压力。当阀后压力 p_2增加时，p_2作用在膜片上的作用力也随之增加，此作用力大于弹簧的反作用力，使阀芯关向阀座的位置，直到作用力与反作用力相平衡为止。这时，阀芯与阀座之间的流通面积减少，流通阻力变大，使 p_2降低为设定值。同理，当阀后压力 p_2降低时，作用方向与上述相反，达到控制阀后压力的作用。当需要改变阀后压力 p_2的设定值时，可调整调节螺母改变弹簧预设定值。

②阀前压力调节的工作原理。

工艺介质的阀前压力 p_1经过阀芯、阀座的节流后，变为阀后压力 p_2，p_1经过控制管线输入执行器的上膜室作用在膜片上，产生的作用力与弹簧的反作用力相平衡，决定了阀芯、阀座的相对位置，控制阀前的压力。当阀前压力 p_1增加或降低时，调节过程同 p_2调节方法。

③压差调节的工作原理。

工艺介质通过阀芯、阀座的节流后，进入被控设备，而被控设备的压差，分别被引入阀的上、下膜室，在上、下膜室内产生推动力，与弹簧的反作用力相平衡，从而决定了阀芯与阀座的相对位置，而阀芯与阀座的相对位置确定了压差值 Δp 的大小。当被控压差变化时，力的平衡被破坏，从而带动阀芯运动，改变阀的阻力系数，达到控制压差设定值的作用。当需要改变压差 Δp 的调定值时，可调整调节螺母改变弹簧预设定值。

第四节　暖风机

一、暖风机的类型

暖风机是由通风机、电动机及空气加热器组合而成的联合机组。在风机的作用下，空气由吸风口进入机组，经空气加热器加热后，从送风口送至室内，以维持室内要求的温度。

暖风机分为轴流式和离心式，又称为小型暖风机和大型暖风机。根据其特点及适用的热媒不同，又可分为蒸汽暖风机、热水暖风机、蒸汽/热水两用暖风机以及冷热水两用暖风机等，目前国内常用的轴流式暖风机主要有蒸汽/热水两用的 NC 型和 NA 型暖风机（如图 4－48 所示）及冷热水两用的 S 型暖风机；离心式大型暖风机主要有蒸汽/热水两用的 NBL 型暖风机（如图 4－49 所示）。

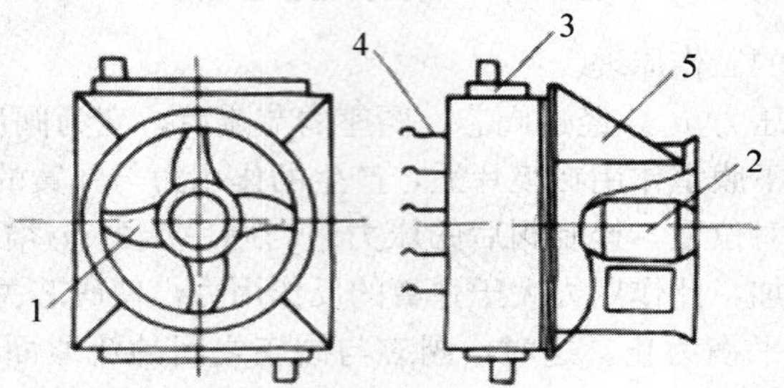

1—轴流式风机；2—电动机；3—加热器；4—百叶片；5—支架

图 4－48　NC 型轴流式暖风机

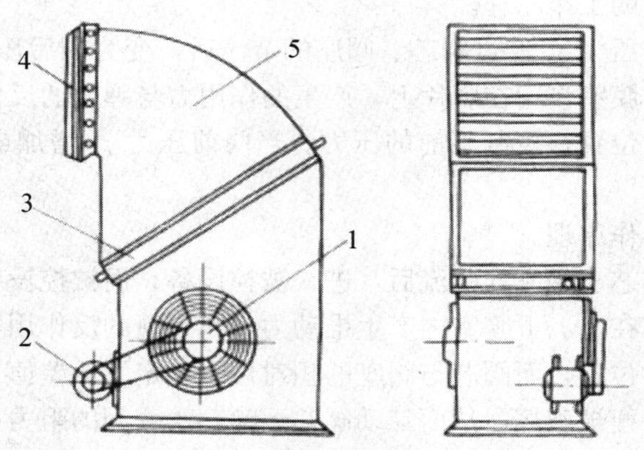

1—离心式风机；2—电动机；3—加热器；4—导流叶片；5—外壳

图 4－49　NBL 型离心式暖风机

轴流式暖风机体积小，结构简单，安装方便；但它送出的热风气流射程短，出口风

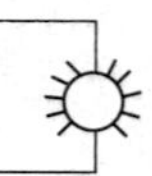

速低。轴流式暖风机一般悬挂或架在墙上或柱子上。热风经出风口处百叶调节板，直接吹向工作区。

离心式暖风机是用于集中输送大量热风的供暖设备。由于它配用离心式通风机，有较大的作用压头和较高的出口速度，它比轴流式暖风机的气流射程长，送风量和产热量大，常用于集中送风供暖系统。

暖风机是热风供暖系统的制热和送热设备。热风供暖是比较经济的供暖方式之一，对流散热几乎占100%，因而具有热惰性小、升温快的特点。轴流式小型暖风机主要用于加热室内再循环空气离心式大型暖风机，除用于加热室内再循环空气外，也可用来加热一部分室外新鲜空气，同时用于房间通风和供暖上，但应注意：对于空气中含有燃烧危险的粉尘，会产生易燃易爆气体和纤维未经处理的生产厂房，从安全角度考虑，不得采用再循环空气。

二、暖风机布置和安装

在生产厂房内布置暖风机时，应根据车间的几何形状、工艺设备布置情况以及气流作用范围等因素，设计暖风机台数及位置。

采用小型暖风机供暖，为使车间温度场均匀，保持一定的断面速度，布置时宜使暖风机的射流互相衔接，使供暖房间形成一个总的空气环流；同时，室内空气的换气次数，每小时宜大于或等于1.5次。

位于严寒地区或寒冷地区的工业建筑，利用热风供暖时，宜在窗下设置散热器，作为值班供暖或满足工艺所需的最低室内温度，一般不得低于5 ℃。

小型暖风机常见的三种布置方案，如图4－50所示。

图4－50（a）为直吹布置，暖风机布置在内墙一侧，射出的热风与房间短轴平行，吹向外墙或外窗方向，以减少冷空气渗透。

图4－50（b）为斜吹布置，暖风机在房间中部沿纵轴方向布置，此种布置用在沿房间纵轴方向可以布置暖风机的场合。

图4－50（c）为顺吹布置，若暖风机无法在房间纵轴线上布置，可串联吹射，避免气流互相干扰，使室内空气温度较均匀。

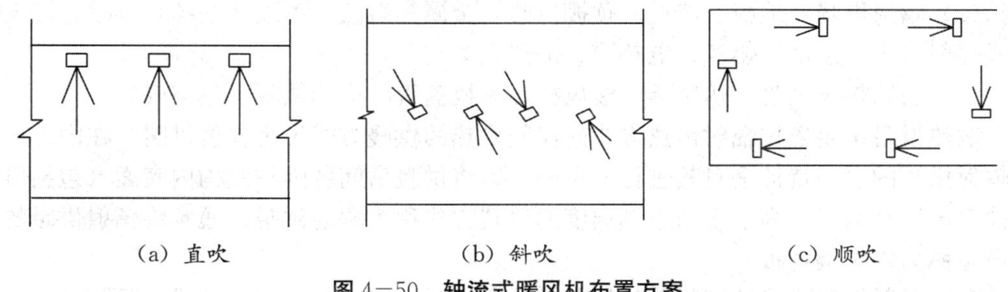

（a）直吹　　（b）斜吹　　（c）顺吹

图4－50　轴流式暖风机布置方案

在高大厂房内，如内部隔墙影响气流组织，宜采用大型暖风规集中送风。在选用大型暖风机供暖时，由于出口速度和风量都很大，一般沿车间长度方向布置。气流射程不应小于车间供暖区的长度。在射程区域内不应有高大设备遮挡，避免造成整个平面上的温度梯度达不到设计要求。

小型暖风机的安装高度（指其送风口离地面的高度），当出口风速小于或等于5 m/s时，宜采用3～3.5 m，当出口风速大于5 m/s时，宜采用4～5.5 m，这样可保证生产厂房的工作区的风速不大于0.3 m/s。暖风机的送风温度，宜采用35～50 ℃。送风温度过高，热射流呈自然上升的趋势，会使房间下部加热不好；送风温度过低，易使人有吹冷风的不舒适感。

当采用大型暖风机集中送风供暖时，暖风机的安装高度应根据房间的高度和回流区的分布位置等因素确定，不宜低于3.5 m，但不得高于7.0 m，房间的生活地带或作业地带应处于集中送风的回流区；生活地带或作业地带的风速，一般不宜大于0.3 m/s，但最小平均风速不宜小于0.15 m/s；送风口的出口风速，应通过计算确定，一般可采用5～15 m/s。集中送风的送风温度，不宜低于35 ℃，不得高于70 ℃，以免热气流上升而无法向房间工作地带供热。当房间高度或集中送风温度较高时，送风口处宜设置向下倾斜的导流板。

三、暖风机的选择

热风供暖的热媒宜采用0.1～0.3 MPa的高压蒸汽或不低于90 ℃的热水。当采用燃气、燃油加热或电加热时，应符合国家现行有关标准的要求。

在暖风机热风供暖设计中，主要是确定暖风机的型号、台数、平面布置及安装高度等。各种暖风机的性能，即热媒参数（压力、温度等）、散热量、送风量、出口风速和温度、射程等均可以从有关设计手册或产品样本中查出。

第五节　辐射供暖设备

按散热末端的不同，供暖系统可为：

(1) 自然对流供暖：散热器供暖（蒸汽或热水）。

(2) 辐射供暖：地板、墙壁、顶棚供暖，金属辐射板（吊顶或壁挂）供暖，燃气红外线辐射供暖（热水、燃气、电热膜、加热电缆）。

(3) 强制热风供暖：热风幕、暖风机、风机盘管、空调供暖（热空气）。

散热设备主要依靠辐射传热方式向房间供热的供暖方式称为辐射供暖。在国外，有用辐射供暖的这一特征来对其进行定义的，即将供暖房间各围护结构内表面（包括供热部件表面）平均温度高于室内空气温度的供暖方式称为辐射供暖。通常将辐射供暖的散热设备称为供暖辐射板。

各种辐射供暖方式的辐射散热量在其总散热量中所占的比例大约是：顶棚式70%～75%，地板式30%～40%，墙壁式30%～60%（随辐射板在墙壁上的位置高度和墙壁温度的增加而增加）。可看出只有在顶棚式辐射供暖时辐射放热占绝对优势。在地板式和墙壁式辐射供暖时对流换热还是占优势。然而房间的供暖方式不是用哪种换热方式占

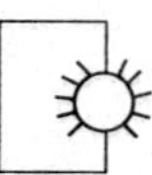

优势来定义，而是用整个房间的温度环境来表征。

一、辐射供暖的特点

辐射供暖是一种卫生条件和舒适标准都比较高的供暖形式，和对流供暖相比，它具有以下特点：

（1）对流供暖系统中，人体的冷热感觉主要取决于室内空气温度的高低。而辐射供暖时，人或物体受到辐射照度和环境温度的综合作用，人体感受的实感温度可比室内实际环境温度高 2～3 ℃左右，即在具有相同舒适感的前提下，辐射供暖的室内空气温度可比对流供暖时低 2～3 ℃。

（2）从人体的舒适感方面看，在保持人体散热总量不变的情况下，适当地减少人体对周围物体的辐射散热量，增加一些对流散热量，人会感到更舒适。辐射供暖时人体、室内物件、围护结构内表面直接接受辐射热，减少了人体对周围物体的辐射散热量。而辐射供暖的室内空气温度又比对流供暖时低，正好可以增加人体的对流散热量。因此辐射供暖使人体具有最佳的舒适感。

（3）辐射供暖时沿房间高度方向上温度分布均匀，温度梯度小，房间的无效损失减小。而且室温降低的结果可以减少能耗。

（4）辐射供暖不需要在室内布置散热器，少占室内的有效空间，也便于布置家具。

（5）减少了对流散热量，室内空气的流动速度也降低了，避免室内尘土的飞扬，有利于改善卫生条件。

（6）辐射供暖比对流供暖的初投资高。

辐射供暖除用于住宅和公用建筑之外，还广泛用于空间高大的厂房、场馆和对洁净度有特殊要求的场合，如精密装配车间等。

二、辐射供暖的分类

辐射供暖根据其辐射板面温度、辐射板构造、辐射板位置、热媒种类、与建筑物的结合关系等情况，可分成多种形式，具体分类、特征列于表 4－3。

表 4－3　辐射供暖的分类

分类根据	名称	特征
板面温度	常温辐射板	板面温度不高于 29 ℃
	低温辐射板	板面温度低于 80 ℃
	中温辐射板	板面温度等于 80～200 ℃
	高温辐射板	板面温度高于 500 ℃
辐射板构造	埋管式	以直径 10～20 mm 的管道埋置于建筑结构内构成
	风道式	利用建筑构件的空腔使热空气在其间循环流动构成
	组合式	利用金属板焊以金属管组成辐射板

续表4－3

分类根据	名称	特征
辐射板位置	平顶式	以平顶表面作为辐射板进行供暖
	墙面式	以墙壁表面作为辐射板进行供暖
	地面式	以地板表面作为辐射板进行供暖
热媒种类	低温热水	热媒水温度低于或等于 120 ℃（地面供暖的规定为小于或等于 60 ℃）
	中温热水	热媒水温度等于 120～175 ℃
	高温热水	热媒水温度高于 175 ℃
	热风式	以加热以后的空气作为热媒
	电热式	以电热元件加热特定表面或直接发热
	燃气式	通过燃烧可燃气体在特制的辐射器中燃烧发射红外线
与建筑物的结合关系	整体式	辐射板与建筑物结合在一起
	贴附式	辐射板贴附于建筑结构表面
	悬挂式	辐射板悬挂于建筑结构上

三、供暖辐射板

供暖辐射板的形式很多，现简单介绍几种常见的辐射板形式，更多的形式可参考有关资料。

（1）整体式辐射板包含埋管式和风道式两种。埋管式辐射板如图 4－51（a）所示，风道式辐射板如图 4－51（b）所示。

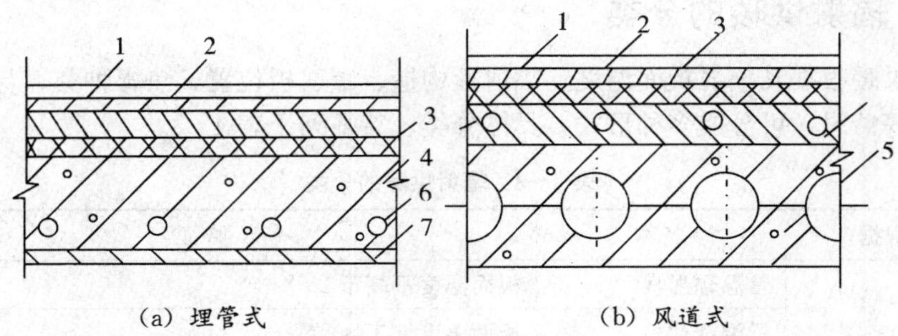

（a）埋管式　　　　（b）风道式

1—防水层；2—水泥找平层；3—保温层；4—供暖辐射板；
5—钢筋混凝土板；6—加热管（流通热媒的钢管）；7—抹灰层

图 4－51　整体式辐射供暖板

（2）贴附式辐射板，如图 4－52 所示是贴附于窗下的辐射板与外围护结构结合的情况。

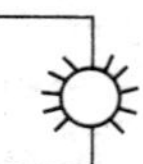

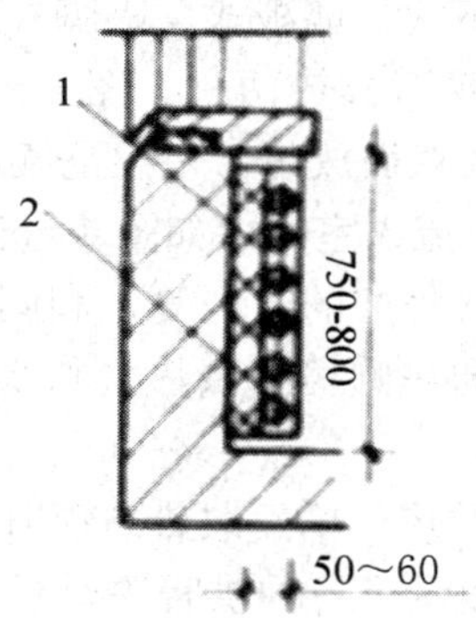

1—隔热层；2—加热管

图 4—52　贴附式辐射供暖板

(3) 悬挂式辐射板分为单体式和吊棚式。单体式（图 4—53 所示）是由加热管、挡板、辐射板和隔热层制成的金属辐射板。其中图 4—53(a)为波状辐射板；图 4—53(b)为平面辐射板。吊棚式辐射板（如图 4—54 所示）是将通热媒的管道 4、隔热层 3 和装饰孔板 5 构成的辐射面板用吊钩 1 挂在房间钢筋混凝土顶板 2 之下。

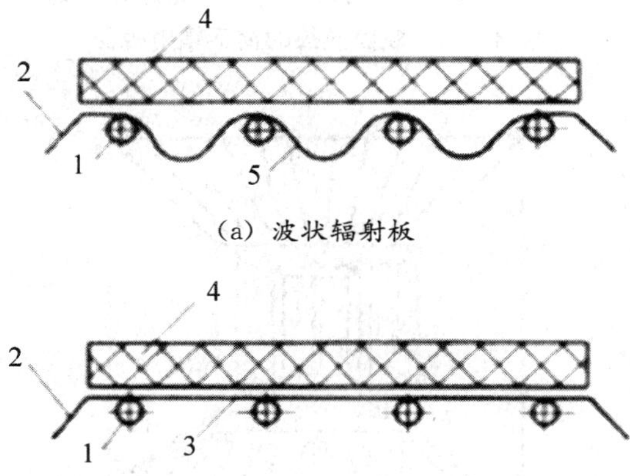

(a) 波状辐射板

(b) 平面辐射板

1—加热管；2—挡板平面辐射板；3、5—隔热层；4—波状辐射板

图 4—53　悬挂式辐射板（单体式）

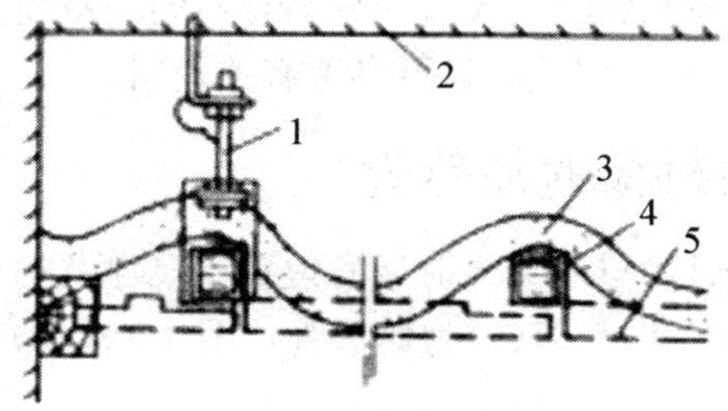

1—吊钩；2—顶棚；3—隔热层；4—管道；5—装饰孔板

图 4—54　悬挂式辐射板（吊棚式）

(4) 墙壁式辐射板又分为窗下式、墙板式、踢脚板式。

窗下辐射板又有单面放热和双面放热两种。图 4－52 所示的窗下辐射板为单面放热；图 4－55 所示的窗下辐射板为双面放热，室内空气从辐射板 3 的底部进入其背部的对流通道 2，被加热后从上部孔口流入室内（如图 4－55 中箭头所示）。

墙板式有外墙式（辐射板设在外墙的室内侧）和间墙式（辐射板设在内墙）之分。间墙式供暖辐射板有单面散热（向一侧房间供热）和双面散热（向内墙两侧房间供热）两种。

窗下式和踢脚板式多为单面散热。单面散热的辐射板的背面有隔热层，可减少辐射板背面的热损失。在图 4－56 中表示了各种供暖辐射板在室内的位置。

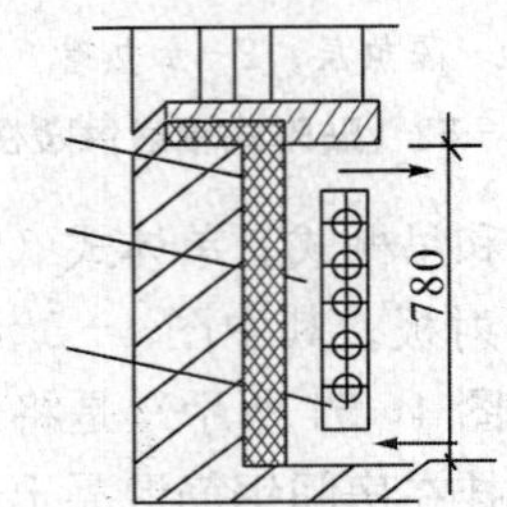

1－隔热层；2－对流通道；3－供暖辐射板

图 4－55　双面散热的窗下辐射板图

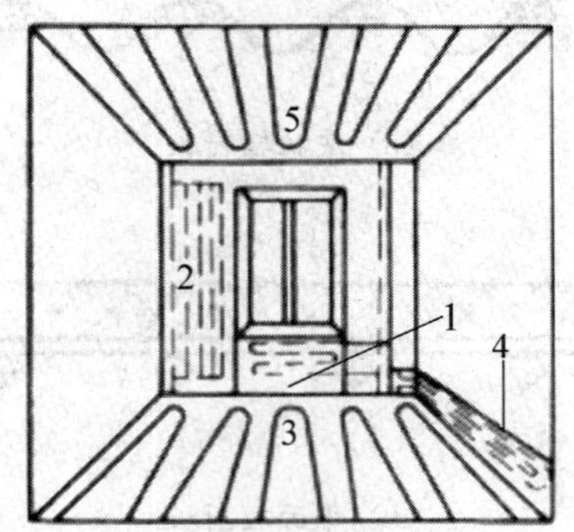

1－窗下式；2－墙板式；3－地板式；4－踢脚板式；5－顶棚式

图 4－56　房间内不同位置的供暖辐射板

在不同的资料中，对辐射供暖（板）的分类有不同的叙述方式，同一种类型的辐射供暖（板），名称也可能不同，相关内容可参考有关资料。

四、热水供暖辐射板的加热管

供暖辐射板加热管的形式与供暖辐射板的位置、尺寸及类型有关。窗下辐射板的加热管如图 4－57 所示。其中图 4－57(a)为蛇形管，图 4－57(b)为排管。

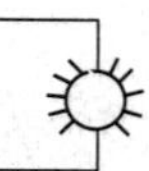

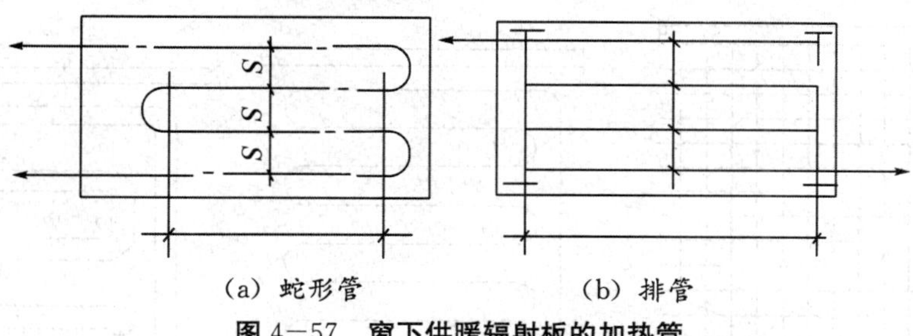

(a) 蛇形管　　(b) 排管

图 4－57　窗下供暖辐射板的加热管

踢脚板式供暖辐射板一般采用如图 4－58 所示的 U 形加热管。U 形管端头与供暖系统立管相连。U 形管的长度 L 由设计确定，长度可达几米，甚至十几米。

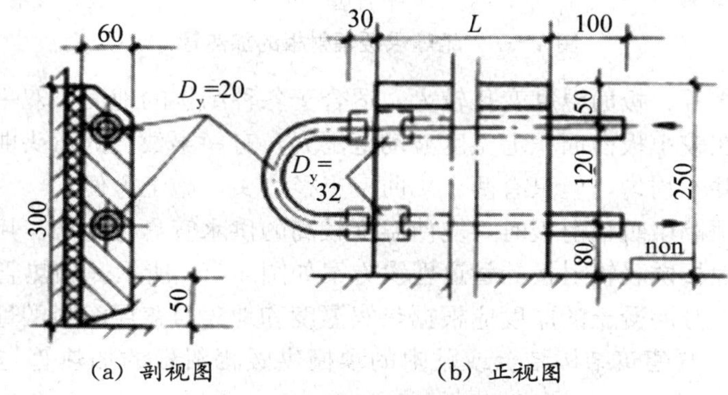

(a) 剖视图　　(b) 正视图

图 4－58　踢脚板式供暖辐射板

墙壁供暖辐射板的加热管可有如图 4－59 所示的三种形式，其中图 4－59(a)为用于带闭合管的单管系统，图 4－59(b)用于双管系统，图 4－59(c)用于垂直双线系统。

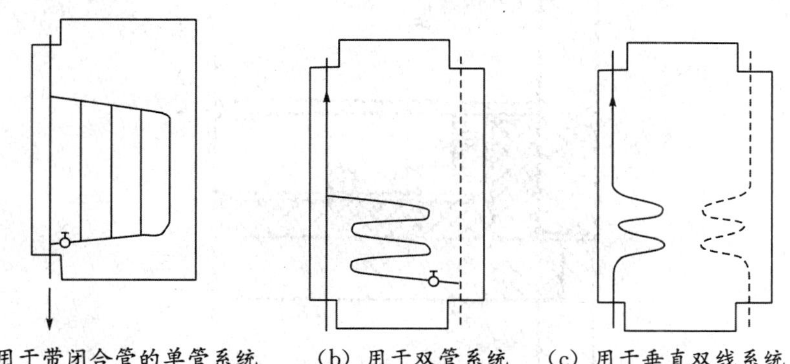

(a) 用于带闭合管的单管系统　　(b) 用于双管系统　　(c) 用于垂直双线系统

图 4－59　墙壁供暖辐射板的加热管

地板供暖辐射板的加热管有如图 4－60 所示的几种：图 4－60(a)为回折型，图 4－60(b)为平行型，图 4－60(c)为双平行型。加热管可采用铝塑复合管等热塑性管材，应做到埋设部分无接头，以防渗漏。

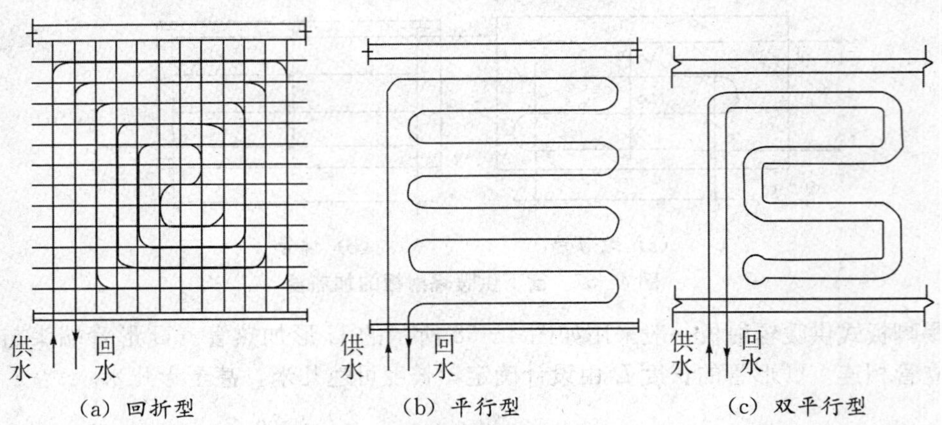

图 4-60　地暖供暖辐射板的加热管

平行型易于布置，板面温度变化较大，适合于各种结构的地面；双平行型板面平均温度较均匀，但在较小板面面积上温度波动范围大，有一半数目的弯头曲率半径小；回折型板面温度也并不均匀，但只有两个小曲率半径弯头，施工方便。

布置地板和顶棚供暖辐射板时，应使温度较高的供水管靠近外墙。用铝塑复合管作加热管的埋管式地板供暖辐射板的管道埋设方案如图 4-61 所示。加热管用卡钉锚固在隔热层上。管子上方混凝土的厚度应根据热媒温度和地表覆盖层材料的性能来确定，但不宜小于 50 mm。与建筑结构结合或贴附的顶棚供暖辐射板的加热管与地板供暖辐射板类似。

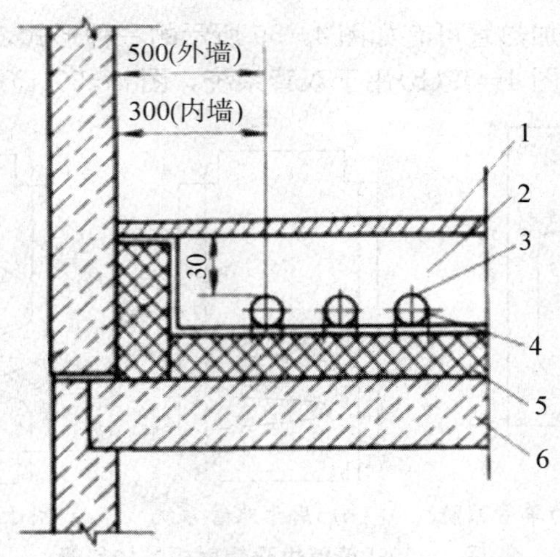

1—面层；2 混凝土；3—加热管；4—锚固卡钉；5—隔热层和防水层；6—楼板；7—侧面隔热层

图 4-61　地板供暖辐射板中铝塑复合管的设置

单体悬挂式金属供暖辐射板的加热管，可采用如图 4-62 所示的两种形式。图中尺寸 a、b、c 分别为辐射板的长度、高度和厚度。图（a）中辐射屏 2 为波形，加热管 1 为蛇形；图（b）中辐射屏 2 为平板，加热管 1 为排管。加热管与辐射屏之间有间隙时散热量显著减小，应尽量减少其间隙。波形辐射屏能防止或减少加热管之间互相吸收热辐射。

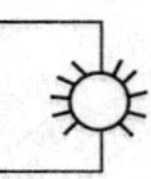

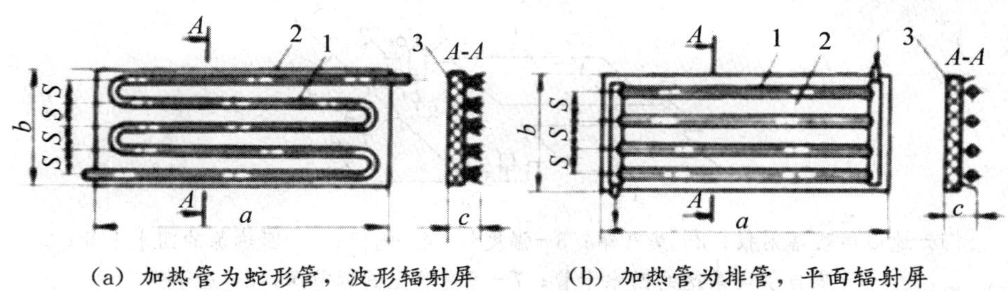

(a) 加热管为蛇形管，波形辐射屏　　(b) 加热管为排管，平面辐射屏

1—加热管；2—辐射屏；3—隔热材料

图 4－62　单体悬挂式辐射板的加热管

悬挂式辐射板的结构应使其辐射散热不小于总散热量的 60％，从而使房间沿高度方向的温度均匀。

热水辐射供暖系统可采用上供式或下供式，也可采用单管或双管系统。地板辐射板、顶板辐射板以及地板－顶棚辐射板应采用双管系统，以利于调节和控制。其加热管内的水流速不应小于 0.25 m/s，以便排气。应设放气阀和放水阀。如图 4－63 所示为下供上回式双管系统中的辐射板与立管连接方式。此系统有利于排除辐射板中的空气。辐射板 1 并联于供水立管 2 和回水立管 3 之间，可用阀门 4 独立地关闭，用放水阀 5 放空和冲洗。

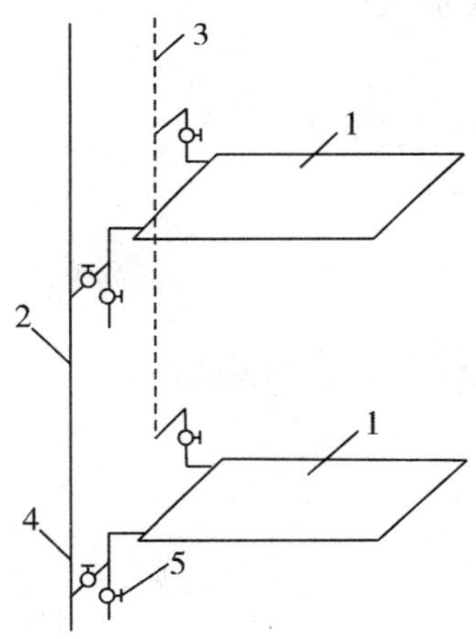

1—地面－顶面供暖辐射板；2—供水立管；3—回水立管；4—关闭调节阀；5—放水阀

图 4－63　下供上回双管系统中的地面－顶面供暖辐射板

墙壁供暖辐射板可采用单管、双管或双线系统，还可以只在建筑物的个别房间（例如公用建筑的进厅）装设混凝土辐射板。在这种情况下热水供暖系统的设计供回水温度应根据建筑物主要房间的供暖条件确定。个别房间如安装窗下辐射板，可连到供水管上；如安装顶棚、地板辐射板，可连到回水管上。图 4－64 所示为一个大厅两块地板供暖辐射板，利用其他供暖系统回水作为地板供暖辐射热媒的情况。此情况正好适合地板辐射供暖要求温度较低的条件。集气罐 2 用于集气和排气，旁通管上的阀门 7 可调节进入辐射板的流量，温度计 3 显示辐射板的供热情况。

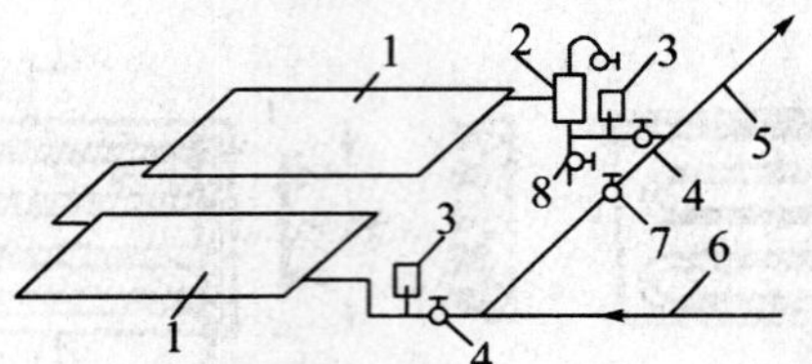

1—地面供暖辐射板；2—集气罐；3—温度计；4—阀门；5—回热源的回水干管；
6—来自供暖系统的回水干管；7—旁通管上的调节阀；8—放水阀

图 4—64 地面供暖辐射板与回水干管的连接

思考与练习

1. 散热器分为哪些种类？各举一例说明。
2. 简要叙述散热器安装的工艺流程。
3. 锅炉可分为哪些类型？
4. 简述冷凝式壁挂炉与普通壁挂炉的不同。
5. 列举三个以上的供暖系统存在的附属设备。
6. 与对流供暖相比，辐射供暖具有哪些特点？
7. 辐射供暖具有哪些分类形式？

第五章 集中供热系统概述

集中供热是指一个或几个热源通过热网向一个区域（居住小区或厂区）或城市的各热用户供热的方式，集中供热系统是由热源、热网和热用户三部分组成的。如室内供暖、通风、空调、热水供应以及生产工艺等用热系统。

在热能工程中，热源泛指能从中吸取热量的任何物质、装置或天然能源。供热系统的热源是指供热热媒的来源。由热源向热用户输送和分配供热介质的管线系统称为热网。利用集中供热系统热能的用户称为热用户。

集中供热系统向许多不同的热用户供给热能，供应范围广，热用户所需的热媒种类和参数不一，锅炉房或热电厂供给的热煤及其参数，往往不能满足所有用户的要求。因此，必须选择与热用户要求相适应的供热系统形式。

集中供热系统，可按下列方式进行分类：

（1）根据热媒不同，分为热水供热系统和蒸汽供热系统。

（2）根据热源不同，主要有热电厂供热系统和区域锅炉房供热系统。另外，也有以核供热站、地热、工业余热等作为热源的供热系统。

（3）根据供热管道的不同，可分为单管制、双管制和多管制的供热系统。

第一节 集中供热系统的方案

集中供热系统方案的选择确定是一个重要和复杂的问题，涉及国家的能源政策、环境保护政策、资源利用情况、燃料价格、近期与远期规划等重大原则事项。因此，必须由国家或地方主管机关组织有关部门人员，在认真调查研究的基础上，进行技术经济分析比较，提出可行性研究报告后，最终确定出技术上先进、适用可靠，经济上合理的最佳方案。

一、集中供热系统方案确定的基本原则

集中供热系统方案确定的基本原则是：有效利用并节约能源，投资少，见效快，运行经济，符合环境保护要求，符合国家各项政策法规的要求并适应当地经济发展的要求等。

二、热源形式的确定

集中供热系统热源形式的确定，应根据当地的发展规划以及能源利用政策、环境保护政策等诸多因素来确定。这是集中供热系统方案确定的首要问题，必须慎重地、科学地把握好这一环节。

热源形式有区域锅炉房集中供热、热电厂集中供热，此外也可以利用核能、地热、电能、工业余热作为集中供热系统的热源。具体情况应根据实际需要、现实条件、发展前景等多方面因素，经多方论证，对几种不同方案加以比较确定。

以区域锅炉房（内装置热水锅炉或蒸汽锅炉）为热源的供热系统称为区域锅炉房供热系统，包括区域热水锅炉房供热系统、区域蒸汽锅炉房供热系统和区域蒸汽－热水锅炉房供热系统。在区域蒸汽－热水锅炉房供热系统中，锅炉房内分别装设蒸汽锅炉和热水锅炉或换热器，使之各自组成独立的供热系统。

以热电厂作为热源的供热系统称为热电厂集中供热系统。由热电厂同时供应电能和热能的能源综合供应方式称为热电联产。在热电厂供热系统中，根据选用的汽轮机组不同，有抽汽式、背压式以及凝汽式电厂供热系统。

三、集中供热系统热媒种类的确定

集中供热系统热媒主要有热水和蒸汽，应根据建筑物的用途、当地气象条件等，进行技术、经济比较后，选择确定。

以水作为热媒与蒸汽相比，有以下优点：

（1）热水供热系统的热能利用率高。由于在热水供应系统中，没有凝结水和蒸汽泄漏及二次蒸汽的热损失，因而热能利用率比蒸汽供热系统好。实践证明，一般可节约燃料20%～40%。

（2）以水作为热媒用于供暖系统时，可以改变供水温度来进行供热调节（质调节），既能减少热网热损失，又能较好地满足卫生要求。

（3）热水供热系统的蓄热能力高，由于系统中水量多，水的比热大，因此，在水力工况和热力工况短时间失调时，也不会引起供暖状况的很大波动。

（4）热水供热系统可以远距离输送，供热半径大。

以蒸汽作为热媒与热水相比，有以下优点：

（1）以蒸汽作为热媒的适用面广，能满足多种热用户的要求，特别是生产工艺用热，多要求以蒸汽作为热媒进行供热。

（2）与供热管网输送网路循环水量所耗的电能相比，蒸汽网路中输送凝结水所耗的电能少得多。

（3）蒸汽在散热器或热交换器中，因温度和传热系数都比水高，可以减少散热设备面积，降低设备费用。

（4）蒸汽的密度小，在一些地形起伏很大的地区或高层建筑中，不会产生如热水系统那样大的静水压力，用户的连接方式简单，运行也较方便。

区域热水锅炉房供热系统按热水温度高低，可分为低温热水区域锅炉房供热系统和

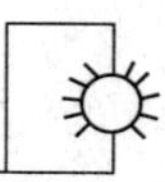

高温热水区域锅炉房供热系统。前者多用于住宅小区供暖，后者则适用于区域内热用户供暖、通风与空调、热水供应、生产工艺多方面的用热需要。

区域蒸汽锅炉房供热系统，根据热用户的要求不同，可分为蒸汽供热系统、设热交换站的蒸汽-热水供热系统及蒸汽喷射热水供热系统等多种形式，可根据实际情况，经分析比较确定其中一种。

热电厂供热系统中，可以利用低位热能的热用户（如供暖、通风、热水供应等）应首先考虑以热水作为热媒，因为以水为热媒，可按质调节进行供热调节，并能利用供热汽轮机的低压抽气来加热网路循环水，对热电联产的经济效益更为有利；生产工艺的热用户，通常以蒸汽作为热媒，蒸汽通常由供热汽轮机的高压抽气或背压排气供应。

工业区的集中供热系统，考虑到既有生产工艺热负荷，也有供暖、通风等热负荷，所以多以蒸汽作为热媒来满足生产工艺用热要求。通常的做法是：对以生产用热量为主，供暖用热量不大，并且供暖时间又不长的工厂区，宜采用蒸汽供热系统向全厂区供热；对其室内供暖系统，可考虑采用蒸汽加热的热水供暖系统或直接利用蒸汽供暖。而对厂区供暖用热量较大、供暖时间较长的情况，宜采用单独的热水供暖系统向各建筑物供暖。

在供热系统方案中，热媒参数的确定也是一个重要问题。以区域锅炉房为热源的热水供热系统，可提高供水温度，对热源不存在降低热能利用率的问题。提高供水温度和加大供回水温差，可使热网采用较小的管径，降低输送网路循环水的电能消耗和用户用热设备的散热面积，在经济上是合适的。但供回水温差过高，对管道及设备的耐压要求高，运行管理水平也相应提高。

以热电厂为热源的供热系统，出于供热量主要由供热汽轮机做功发电后的蒸汽供给，因而，热媒参数的确定，要涉及热电厂的经济效益问题。若提高热网供水温度，就要相应提高抽汽压力，对节约燃料不利。但提高热网供水温度，加大供回水温差，却能降低热网基建费用和减少输送网路循环水的电能消耗。因此，热媒参数的确定应结合具体条件，考虑热源、管网、用户系统等方面的因素，进行技术经济比较确定。目前，国内的热电厂供热系统，设计供水温度一般可采用 110～150 ℃，回水温度约 70 ℃或更低一些。

蒸汽供热系统的蒸汽参数（压力和温度）的确定比较简单，以区域锅炉房为热源时，蒸汽的起始压力主要取决于用户要求的最高使用压力；以热电厂为热源时，当用户的最高使用压力给定后，若采用较低的抽气压力，有利于热电厂的经济运行，但蒸汽管网管径相应粗些，因而，也有一个通过技术经济比较确定热电厂的最佳抽汽压力问题。

以上所述是集中供热系统方案确定时需考虑的基本问题。此外，还要认识到，我国地域辽阔，各地气候条件有很大不同，即使在北方各地区，供暖季节时间差别也大，供热区域不同，具体条件有别。因此，对于集中供热系统的热源形式、热媒的选择及其参数的确定，还有热网和用户系统形式等问题，都应在合理利用能源政策和环保政策的前提下，具体问题具体分析，因地制宜，进行技术经济比较后确定。

第二节 集中供热系统的形式

一、按热源形式的不同分类

按热源形式的不同来分，集中供热系统可分为区域锅炉供热系统和热电厂供热系统两种基本形式：

（一）区域锅炉房供热系统

1. 区域热水锅炉房供热系统

区域热水锅炉房供热系统的组成如图 5－1 所示。

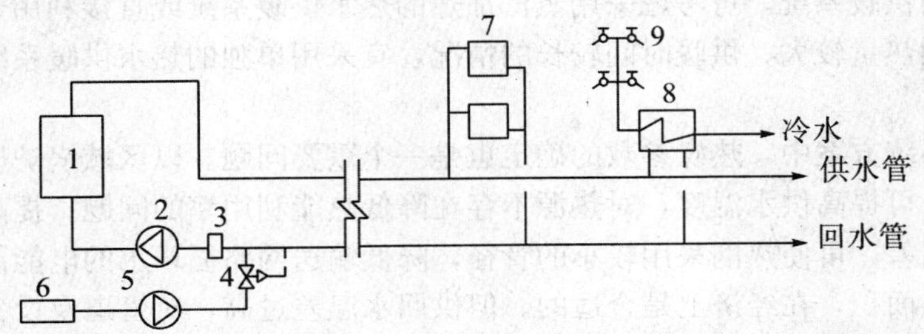

1—热水锅炉；2—循环水泵；3—除污器；4—压力调节阀；5—补给水泵；6—补充水处理装置；7—供暖散热器；8—生活热水加热器；9—水龙头

图 5—1 区域热水锅炉房供热系统示意图

热源的主要设备有热水锅炉、循环水泵、补给水泵及水处理装置，热网是由一条供水管和一条回水管组成，热用户包括供暖系统、生活用热水供应系统等。系统中的水在锅炉中被加热到所需要的温度，以循环水泵作动力使热水沿供水管流入各用户，放热后又沿回水管返回锅炉。这样，在系统中循环流动的水不断地在锅炉内被加热，又不断地在热用户内被冷却，放出热量，以满足热用户的需要。系统在运行过程中的漏水量或被用户消耗的水量，由补给水泵把经水处理装置处理后的水从回水管补充到系统内，补充水量的多少可通过压力调节阀控制。除污器设在循环水泵吸入口侧，其作用是清除水中的污物、杂质，避免其进入水泵与锅炉内。

2. 区域蒸汽锅炉房供热系统

区域蒸汽锅炉房供热系统的组成如图 5－2、图 5－3 所示。

由蒸汽锅炉产生的蒸汽，通过蒸汽干管输到供暖、通风、热水供应和生产工艺各热用户。各室内用热系统的凝结水，经过疏水器和凝结水干管返回锅炉房的凝结水箱，再通过水泵将凝水送进锅炉更新加热。

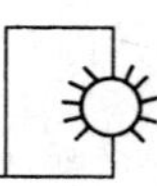

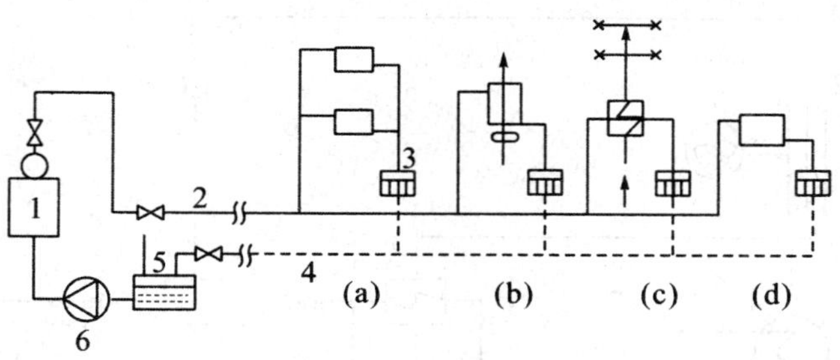

(a) 供暖用热系统　(b) 通风用热系统　(c) 热水供应用热系统　(d) 生产工艺用热系统

1—蒸汽锅炉；2—蒸汽干管；3—疏水器；4—凝水干管；5—凝结水箱；6—锅炉给水泵

图 5—2　区域蒸汽锅炉房集中供暖系统示意图（1）

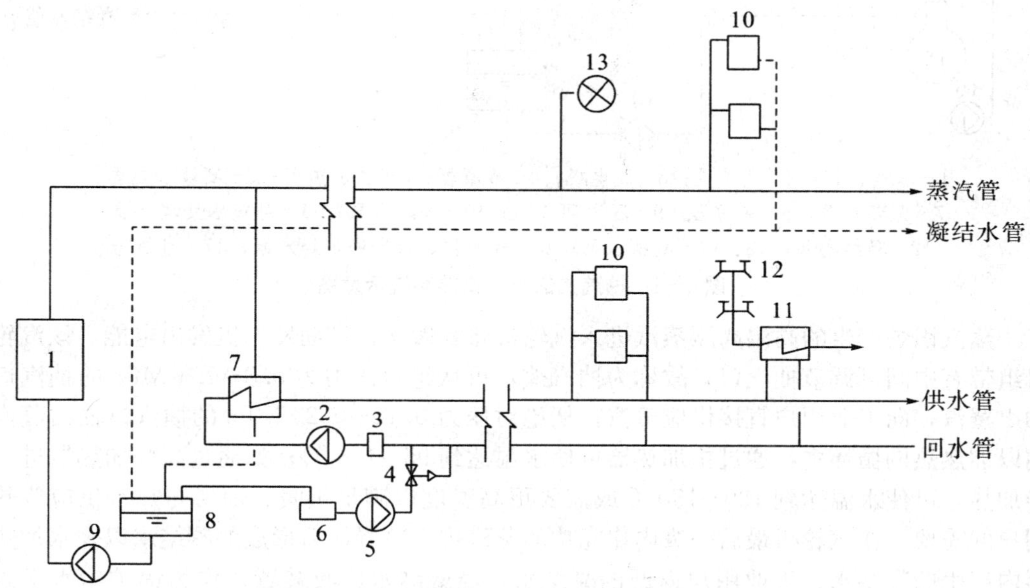

1—蒸汽锅炉；2—循环水泵；3—除污器；4—压力调节阀；5—补给水泵；

6—补充水处理装置；7—热网水加热器；8—凝结水箱；9—锅炉给水泵；

10—供热散热器；11—生活热水加热器；12—水龙头；13—用汽设备

图 5—3　区域蒸汽锅炉房集中供暖系统示意图（2）

根据用热要求，可以在锅炉房内设水加热器。用蒸汽集中加热热网循环水，向各热用户供热。这是一种既能供应蒸汽，又能供应热水的区域锅炉房供热系统。对于既有工业生产热用户，又有供暖、通风、生活用热等热用户时，宜采用此系统。

（二）热电厂供热系统

热电厂内的主要设备之一是供热汽轮机，它驱动发电机产生电能，同时利用做功的抽（排）汽供热。以热电厂作为热源，热电联产的集中供热系统，根据汽轮机的不同可分为以下几种。

1. 抽汽式热电厂供热系统

抽汽式热电厂供热系统如图 5—4 所示。

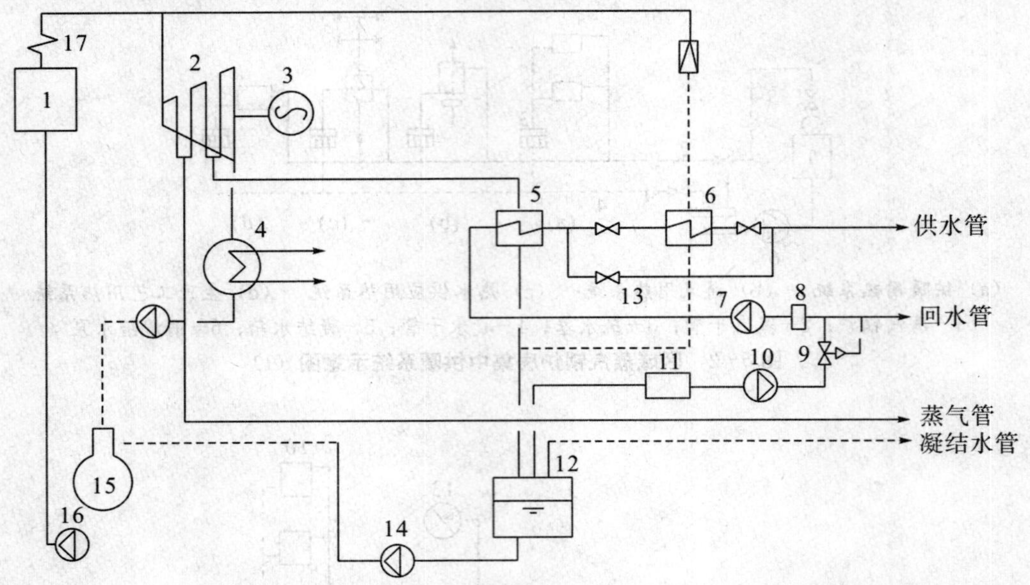

1—蒸汽锅炉；2—汽轮机；3—发电机；4—冷凝器；5—主加热器；6—高峰加热器；
7—循环水泵；8—除污器；9—压力调节阀；10—补给水泵；11—补充水处理装置；
12—凝结水箱；13、14—凝结水泵；15—除氧器；16—锅炉给水泵；17—过热器

图 5-4　抽汽式热电厂供热系统示意图

蒸汽锅炉产生的高温高压蒸汽进入汽轮机膨胀做功，带动发电机发出电能。该汽轮机组带有中间可调节抽汽口，故称为抽汽式，可从绝对压力为 0.8～1.3 MPa 的抽汽口抽出蒸汽，向工业用户直接供应蒸汽；从绝对压力 0.12～0.25 MPa 的抽汽口抽出蒸汽用以加热热网循环水，通过主加热器可使水温达到 95～118 ℃；如通过高峰加热器进一步加热，可使水温达到 130～150 ℃或需要更高温度以满足供暖、通风与热水供应等热用户的需要。在汽轮机最后一级内作完功的蒸汽排入冷凝器后形成的凝结水以及水加热器内产生的凝结水、工业用户返回的凝结水，经凝结水回收装置，作为锅炉给水送入锅炉。

2. 背压式热电厂供热系统

背压式热电厂供热系统如图 5-5 所示。从汽轮机最后一级排出的乏汽压力在 0.1 MPa（绝对）以上时，称为背压式。一般排汽压力为 0.3～0.6 MPa 或 0.8～1.3 MPa，即可将该压力下的蒸汽直接供给工业用户，同时还可以通过冷凝器加热热网循环水。

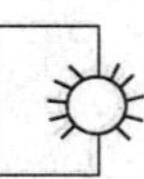

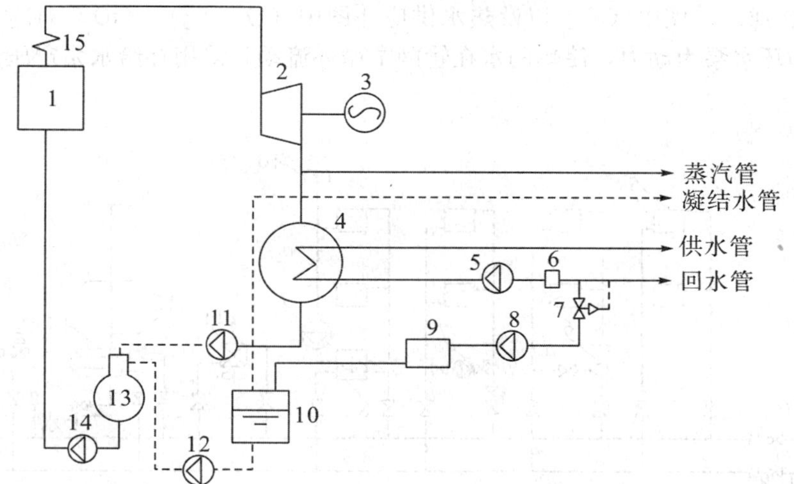

1—蒸汽锅炉；2—汽轮机；3—发电机；4—冷凝器；5—循环水泵；6—除污器；
7—压力调节阀；8—补给水泵；9—水处理装置；10—凝结水箱；
11、12—凝结水泵；13—除氧器；14—锅炉给水泵；15—过热器

图 5—5　背压式热电厂供热系统示意图

3. 凝汽式低真空热电厂供热系统

当汽轮机排出的乏汽压力低于 0.1 MPa（绝对压力）时，称为凝汽式。纯凝汽式乏汽压力为 6 kPa，温度只有 36 ℃，不能用于供热。若适当提高蒸汽乏汽压力达 50 kPa 时，其温度在 80 ℃以上，可用以加热热网循环水，而满足供暖用户的需要，其原理图与图5—5相同。这种形式在我国多用于把凝汽式的发电机组改造为低真空的热电机组。实践证明，这是一种投资少、速度快、收益大的供热方式。

二、按热媒种类的不同分类

在热水供热系统中，根据局部热水供应系统是否直接取用热网循环水，可分为闭式热水供热系统和开式热水供热系统。

1. 闭式热水供热系统

在闭式热水供热系统中，网路循环水作为热媒只起热能转移的作用，供给热用户热量而系统本身不消耗热媒。我们可以认为理论上系统的流量是不变的，但实际上热媒通过水泵轴承、补偿器（套筒或膨胀节）和阀门以及其他不严密处时，总有少量循环水向外部泄漏，使系统流量有所减少。在正常工作情况下，一般系统的泄漏水量不超过系统总水容量的1%，泄漏掉的水依靠热源处的补水装置来补充。

双管闭式热水供热系统是我国目前最广泛应用的一种供热系统形式。管网由一条供水管和一条回水管组成，故为双管。

双管闭式热水供热系统如图 5—6 所示。

热媒通常为高温水，热水沿热网供水管道送到各个热用户，在热用户系统的用热设备内放出热量后，沿热网回水管返回热源，因热网水只进入热水供应用户的容积式水加热器，不被用户直接取用，故为闭式。图 5—6 中，热用户中有供暖［图中（a）、（b）、 (c)、(d)]、通风［图中（e)］以及热水供应［图中（f)、(g)、(h)、(i)］等热用户。该系统以循环水泵为动力，使热网水在管网中循环流动，采用补给水泵定压并向系统补充水。

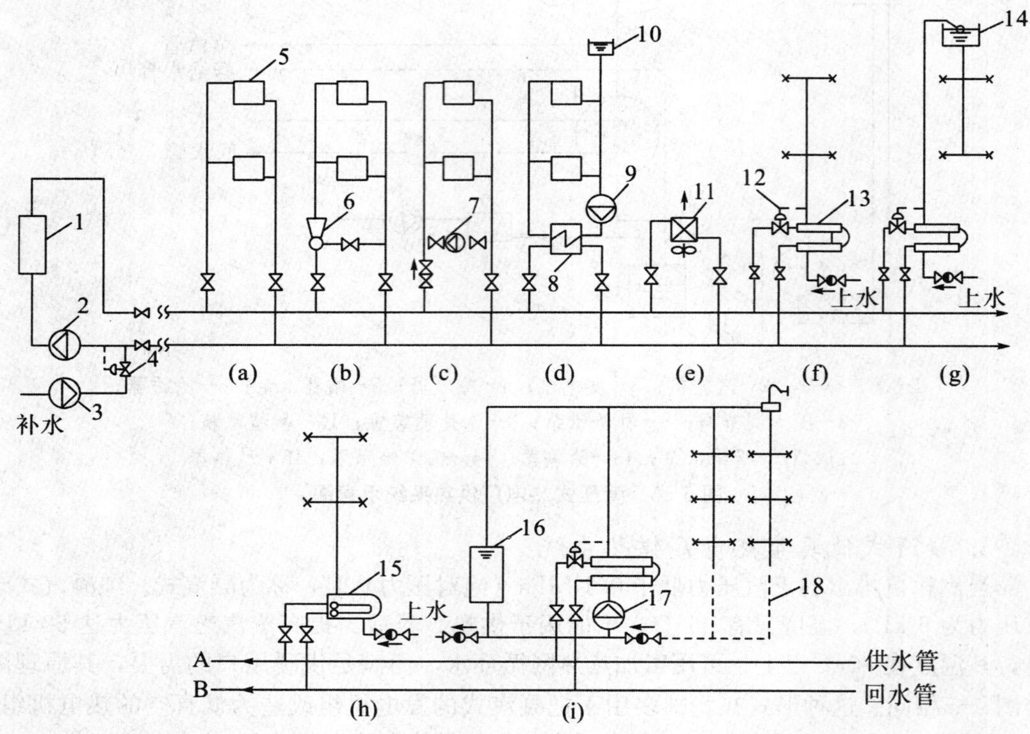

(a) 无混合装置的直接连接　(b) 设水喷射器的直接连接　(c) 设混合水泵的直接连接
(d) 供暖热用户与热网的间接连接　(e) 通风热用户与热网的连接　(f) 无储水箱的连接方式
(g) 装设上部储水箱的连接方式　(h) 装置容积式换热器的连接方式　(i) 装设下部储水箱的连接方式
1—热源的加热装置；2—网路循环水泵；3—补给水泵；4—补给水压力调节器；5—散热器；6—水喷射器；7—混合水泵；8—表面式水—水换热器；9—供暖热用户系统的循环水泵；10—膨胀水箱；11—空气加热器；12—温度调节器；13—水—水式换热器；14—储水箱；15—容积式换热器；16—下部储水箱；17—热水供应系统的循环水泵；18—热水供应系统的循环管路

图 5—6　双管闭式热水供应系统

2. 开式热水供应系统

在开式热水供应系统中，热媒被部分或全部取出直接消耗于热用户中生活热水供应系统上，只有部分热媒返回热源。在这里，热网水从局部热水供应系统的配水点流出被耗用，再加上系统泄漏，补给水量很大。补给水是由热源的补水装置来补充，补水量为热水用户的消耗水量和系统的泄漏水量之和。在城市集中供热开式热水供应系统中，补水量可达系统循环水量的 15%～20%，这样使得热源处的水处理设备容量加大，并且运行管理费用也相应提高。因此，开式热水供应系统适用于有水处理费用较低的补给水源，及有与生活热水热负荷相适应的廉价低位能热源。开式热水供应系统如图 5—7 所示。

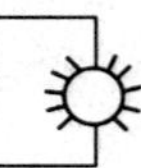

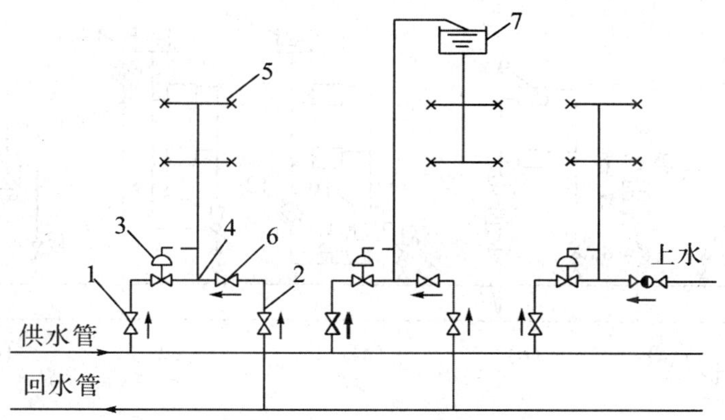

1、2—进水阀门；3—温度调节器；4—混合三通；5—取水栓；6—止回阀；7—上部储水箱

图 5−7 开式热水供热系统

在蒸汽供热系统中，蒸汽可采用单管式（同一蒸汽压力参数）或多根蒸汽管（不同蒸汽压力参数）供热，凝结水可采用回收或不回收的方式进行。

蒸汽供热管网采用单管式（一根蒸汽管）供热时，在一般情况下多采用凝结水返回热源的双管制，即一根蒸汽管、一根凝结水管。根据需要，有时还采用三管制，如在有供暖、通风空调、生活热水和生产工艺系统的热用户中，生产工艺与供暖所要求的蒸汽参数相差很大，或供暖热负荷所占比例较大，经技术经济比较认为合理时，可采用双管供汽，其中一根管道供生产工艺和加工生活热水用汽，一根管道供应供暖通风用汽，而它们的回水则共同通过一根凝结水管道返回热源。这种按全年负荷变化分别设置供汽管的形式，实际上在非供暖季节仍为双管制运行。在一些工业企业内当生产工艺用热有特殊要求时，可单独设置蒸汽管和凝水管，与其他用热分开。

蒸汽供热系统如图 5−8 所示。

锅炉生产的高压蒸汽进入蒸汽管网，通过不同的连接方式直接或间接供给用户热量，凝水经凝水管网返回热源凝水箱，经锅炉给水泵打入锅炉重新加热变成蒸汽。

图 5−8（a）为生产工艺热用户与蒸汽网路连接方式示意图。蒸汽在生产工艺用热设备放热后，凝结水返回热源。若蒸汽在生产工艺用热设备使用后，凝结水有玷污可能或回收凝结水在技术经济上不合理时，凝结水可采用不回收的方式，此时，应在用户内对其凝结水及其热量加以就地利用。对于直接耗用蒸汽加热的生产工艺用户，凝结水不回收。

图 5−8（b）为蒸汽供暖用户系统与蒸汽网路的连接方式。高压蒸汽通过减压阀减压后进入用户系统，凝结水通过疏水器进入凝结水箱，再用凝结水泵将凝结水送回热源。

若用户需要采用热水供暖系统，则可采用在用户引入口安装热交换器或蒸汽喷射装置的连接方式。

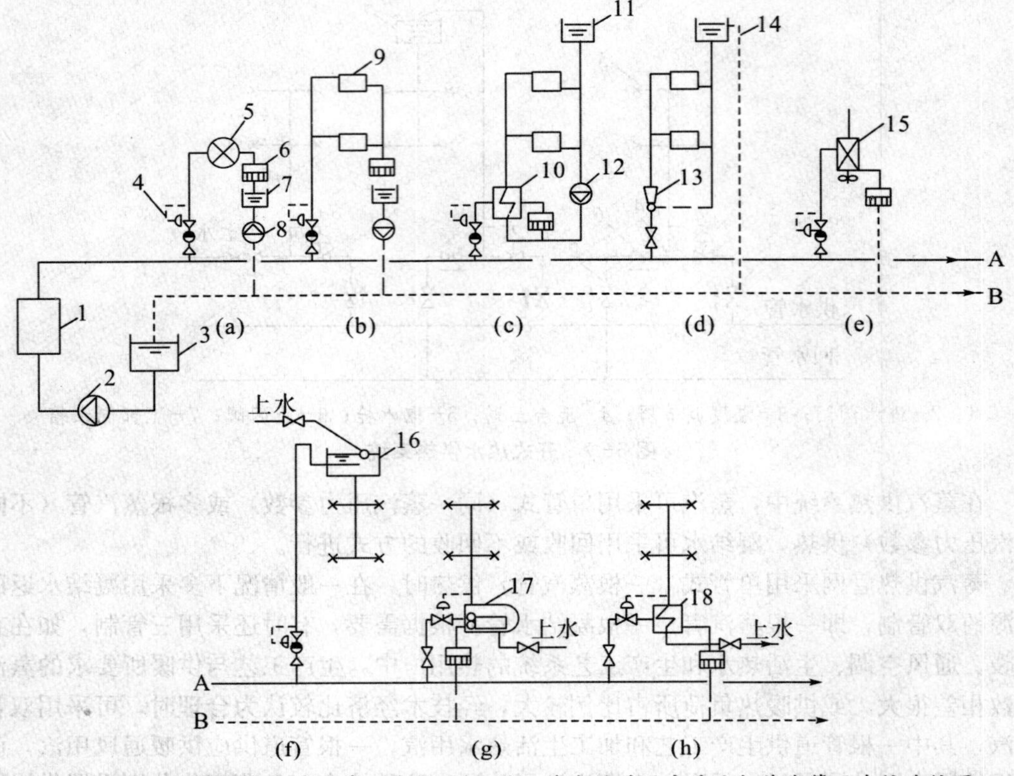

(a) 生产工艺热用户与蒸汽管网连接图 (b) 蒸汽供暖用户系统与蒸汽管网直接连接图
(c) 采用蒸汽—水换热器的连接图 (d) 采用蒸汽喷射器的连接图 (e) 通风系统与蒸汽网路的连接图
(f) 蒸汽直接加热的热水供应图 (g) 采用容积式加热器的热水供应图 (h) 无储水箱的热水供应图
1—蒸汽锅炉；2—锅炉给水泵；3—凝结水箱；4—减压阀；5—生产工艺用热设备；6—疏水器；
7—用户凝结水箱；8—用户凝结水泵；9—散热器；10—供暖系统用的蒸汽—水换热器；
11—膨胀水箱；12—循环水泵；13—蒸汽喷射器；14—溢流管；15—空气加热装置；
16—上部储水箱；17—容积式换热器；18—热水供应系统的蒸汽—水换热器

图 5—8 蒸汽供热系统

图 5—8（c）是热水供暖用户系统与蒸汽供热系统采用间接连接，在用户引入口处安装蒸汽—水加热器。

图 5—8（d）是采用蒸汽喷射装置的连接方式。蒸汽在蒸汽喷射器的喷嘴处，产生低于热水供暖系统回水的压力，回水被抽引进入喷射器并被加热，通过蒸汽喷射器的扩压管段，压力回升，使热水供暖系统的热水不断循环，系统中多余的水量通过水箱的溢流管返回凝结水管。

图 5—8（e）为通风系统与蒸汽网路的连接图式。它采用简单的直接连接，若蒸汽压力过高，则在入口处装置减压阀。

热水供应系统与蒸汽网路的连接方式，见图 7—8（f）、(g)、(h)。

图 7—8（f）为设有上部储水箱的直接连接图式。图 7—8（g）为采用容积式加热器的间接连接图式。图 7—8（h）为无储水箱的间接连接方式。若需安装水箱时，水箱可

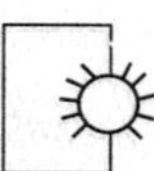

设在系统的上部或下部。

综上所述，蒸汽供热管网与热用户的连接方式取决于管网的热媒参数和用户的使用要求，可分为直接连接和间接连接两大类。由于蒸汽热媒的性质与热水不同，其连接方式较热水管网要复杂一些，但蒸汽供热系统的供热对象较广泛，除能满足供暖、通风空调和热水供应用热以外，更多的是能适应各类生产工艺用热的需要。因此，在工业企业中应用非常广泛。

第三节　集中供热系统热负荷的概算

集中供热系统的热用户包括供暖、通风、热水供应、空气调节、生产工艺等各种用热系统。这些用热系统热负荷的性质及其数值大小是供热规划和设计的重要依据，因此，必须正确合理的确定供热系统的热负荷。

用热系统的热负荷，按其性质可分为季节性热负荷和常年性热负荷两大类。

季节性热负荷包括供暖、通风、空气调节等系统的用热负荷。它们共同的特点是均与室外空气温度、湿度、风向、风速和太阳辐射强度等气候条件密切相关，其中对它的大小起决定性作用的是室外温度。由于气象条件在全年中变化很大，故季节性热负荷在全年中也有很大变化。

常年性热负荷包括生活用热（主要指热水供应）和生产工艺系统用热负荷。这类负荷的特点是与气候条件关系不大，因而在全年中变化幅度比较小，用热比较稳定。但常年性热负荷的用热状况随生产工艺的不同、生产班制的不同、生活用热人数的不同以及用热时间的相对集中，而在一天中将产生较大的波动。因此，在确定热负荷时，必须详细了解和认真分析不同用户的用热情况，以更好地为集中供热系统的设计提供准确可靠的热负荷数据。

对于已建成和原有建筑物，或已有热负荷数据的拟建房屋，可以采取对需要供热的建筑物进行热负荷调查，用统计的方法确定系统的热负荷。根据调查统计资料确定总热负荷时，应考虑管网热损失，附加 5%的安全余量。

对集中供热系统进行规划或初步设计时，往往尚未进行各类建筑物的具体设计工作，不可能提供较准确的建筑物热负荷的资料。因此，通常是采用概算指标法来确定各类热用户的热负荷。

一、供暖热负荷

供暖热负荷的概算可采用体积热指标法或面积热指标法来进行计算。通常，工业建筑多采用体积热指标法来确定热负荷，民用建筑多采用面积热指标法来确定热负荷。

1. 体积热指标法

建筑物的供暖热负荷按下式进行概算：

$$Q_{n} = q_{v}V_{w}(t_{n} - t_{wn}) \times 10^{-3}$$

式中：Q_n——建筑物的供暖热负荷，kW；

V_w——建筑物的外围体积，m^3；

t_n——供暖室内计算温度，℃；

t_{wn}——供暖室外计算温度，℃；

q_v——建筑物的供暖体积热指标，W/(m^3·℃)，它表示各类建筑物内外温差为 1 ℃时，每 $1m^3$ 建筑物外围体积的供暖热负荷。

供暖体积热指标 q_v的大小主要取决于建筑物的围护结构和外形尺寸。建筑物围护结构传热系数越大、采光率越大、外部建筑体积越小或建筑物的长宽比越大，则单位体积的热损失 q_v值也越大。因此，从建筑物的围护结构及其外形方面考虑降低 q_v值的各种措施是建筑节能的主要途径，也是降低集中供热系统的供热热负荷的主要途径。

对于各类建筑物的供热体积热指标 q_v值，可通过对许多建筑物进行理论计算或对许多实物数据进行统计归纳整理得出，也可参见有关设计手册或当地设计单位历年积累的资料数据。

2. 面积热指标法

建筑物的供暖热负荷按下式进行概算：

$$Q_n = q_f F \times 10^{-3}$$

式中：Q_n——建筑物的供暖热负荷，kW；

F——建筑物的建筑面积，m^2；

q_f——建筑物供暖面积热指标，它表示 1 m^2建筑面积的供暖热负荷，W/m^2。

建筑物的供暖热负荷与通过垂直围护结构（墙、门、窗等）向外传送热量的程度有很大的关系，因而用供暖体积热指标表征建筑物供暖热负荷的大小，物理概念清楚；但采用供暖面积热指标法比体积热指标法更易于概算，并且，对集中供暖系统的初步设计或规划设计来说已足够准确了，所以，在城市集中供热系统规划设计中，供暖面积热指标法应用得更多。

二、通风热负荷

通风或空气调节是为了满足室内空气要有一定的清洁度和温湿度等要求，而对生产厂房、公共建筑以及居住建筑进行的空气处理过程。在供暖季节里，加热从室外进入的新鲜空气所消耗的热量称为通风热负荷。它是一种季节性热负荷，由于其使用和各班次工作状况不同，因此，一般公共建筑和工业厂房的通风热负荷，在一昼夜波动也较大。

建筑物的通风热负荷可采用体积热指标法或百分数法进行概算。

1. 体积热指标法

体积热指标法公式为：

$$Q_{tk} = q_t V_w (t_n - t_{wt}) \times 10^{-3}$$

式中：Q_{tk}——建筑物的通风热负荷，kW；

V_w——建筑物的外围体积，m^3；

t_n——供暖室内计算温度，℃；

t_{wt}——通风室外计算温度，℃；

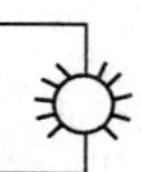

q_t——通风的体积热指标，W/(m³·℃)，它表示建筑物的室内外温差1 ℃时，每1 m³建筑物外围体积的通风热负荷。

通风体积热指标q_t的值取决于建筑物的性质和外围体积。对于工业厂房，可参考有关设计手册选用。对于一般的民用建筑，室外空气无组织地从门窗等缝隙进入，预热这些空气到室温所需的渗透和侵入耗热量，已计入供暖设计热负荷中，不必另行计算。

2. 百分数法

民用建筑有通风空调热负荷时，可按该建筑物的供暖设计热负荷的百分数进行概算：

$$Q_{tk} = K_t Q_n$$

式中：Q_{tk}——通风空调加热新风的热负荷，kW；

Q_n——建筑物供暖热负荷，kW；

K_t——建筑物通风空调热负荷系数，一般取0.3～0.5。

三、生活热负荷

生活热负荷可以分为热水供应热负荷和其他生活用热热负荷。

热水供应热负荷是日常生活中用于洗脸、洗澡、洗衣服以及洗刷器皿等所消耗的热量。热水供应热负荷取决于热水用量，它的大小与人们的生活水平、生活习惯和生产的发展状况以及设备情况紧密相关，计算方法详见《给排水设计手册》。对于一般居住区，也可按下式计算：

（1）居住区供暖期生活热水平均热负荷：

$$Q_{sp} = q_s F \times 10^{-3}$$

式中：Q_{sp}——居住区供暖期生活热水平均热负荷，kW；

q_s——居住区生活热水热指标，W/m²；

F——居住区的总建筑面积，m²。

（2）生活热水最大热负荷：

$$Q_{s,max} = KQ_{sp}$$

式中：$Q_{s,max}$——生活热水最大热负荷，kW；

Q_{sp}——生活热水平均热负荷，kW；

K——小时变化系数，一般可取2～3。

在计算管网热负荷时，其中生活热水热负荷按下列规定取用：

（1）采用供暖期生活热水平均热负荷。

（2）支线用户全部有储水箱时，采用供暖期生活热水平均热负荷；无储水箱时，采用供暖期生活热水最大热负荷。

其他生活用热热负荷是指在工厂、医院、学校等地方，除热水供应以外，还可能有开水供应、蒸汽蒸饭等用热。这些用热热负荷的概算，可根据具体的指标（如开水加热温度、人均饮水标准、蒸饭锅的蒸汽消耗量等）来参照确定。

四、生产工艺热负荷

生产工艺热负荷是指为了满足生产过程中用于加热、烘干、蒸煮、清洗、熔化等过程的用热，或作为动力用于驱动机械设备工作的耗汽（如汽锤、汽泵等）。生产工艺热负荷的大小以及所需要的热媒种类和参数，主要取决于生产工艺过程的性质、用热设备的形式以及工厂的工作制度等因素，它和生活用热热负荷一样，属于全年性热负荷。

对于生产工艺热用户或用热设备较多、不同工艺过程要求的热媒参数不一、工作制度也各不相同的情况，生产工艺热负荷很难用固定的公式来表述。因而在计算确定集中供热系统的热负荷时，应充分利用生产工艺系统提供的设计依据，大量参考类似企业的热负荷情况，采用经工艺热用户核实的最大热负荷之和乘以同时使用系数（同时使用系数指实际运行的用热设备的最大热负荷与全部用热设备最大热负荷之和的比值，一般可取 0.7～0.9），最后确定较符合实际情况的热负荷。

思考与练习

1. 如何确定集中供热系统的热源形式？
2. 集中供热中，以水作为热媒具有哪些好处？
3. 简要叙述区域热水锅炉房供热系统的组成。
4. 供暖热负荷的概算一般采用哪些方法？简述如何使用这些方法。

第六章　供暖系统的水力计算

第一节　热水供暖系统的水力计算

一、热水供暖系统管路水力计算的基本公式

根据流体力学，流体在管段中流动时要克服流动阻力，引起能量损失。能量损失分为沿程损失和局部损失。

克服沿程阻力引起的能量损失为沿程损失。沿程损失沿管段均匀分布，即与管段的长度成正比。

克服局部阻力的能量损失称为局部损失。管道进口、三通和阀门等处，都会产生局部阻力。

（一）沿程损失

沿程损失按下式计算：

$$\Delta p_y = \lambda \frac{L}{d} \cdot \frac{\rho v^2}{2} \tag{6-1}$$

那么，每米管长的沿程损失，即比摩阻 R 可用下式计算：

$$R = \frac{\Delta p_y}{L} = \frac{\lambda}{d} \frac{\rho v^2}{2} \tag{6-2}$$

式中：Δp_y ——沿程损失，Pa；

R ——比摩阻，Pa/m；

λ ——管段的沿程阻力系数；

L ——管段长度，m；

d ——管径，m；

ρ ——流体的密度，kg/m^3；

v ——流体在管段内的流速，m/s。

管段的沿程阻力系数 λ 与管内流体的流动状态和管壁的粗糙度有关，即

$$\lambda = f(R_e, K/d) \tag{6-3}$$

式中：R_e ——雷诺数，判别流体流动状态的准则数；

K ——管壁的当量绝对粗糙度，m。

大量的实验数据整理得出，流体不同的流动状态所对应的一些计算沿程阻力系数 λ 的经验公式。

1. 层流区

当 $R_e \leqslant 2\,320$ 时，流体处于层流区，沿程阻力系数 λ 仅与雷诺数 R_e 有关，可按下式计算：

$$\lambda = \frac{64}{R_e} \tag{6-4}$$

机械循环热水供暖系统由于流体流速较高，管径较大，流动很少处于层流状态；仅在自然循环热水供暖系统的个别水流量很小，管径很小的管段内，流体才会出现层流状态。

2. 紊流区

当 $R_e > 2\,320$ 时，流体处于紊流区，紊流区中又分为三个区域。

(1) 紊流光滑区紊流光滑区的 λ 值，可用布拉修斯公式进行计算，即

$$\lambda = \frac{0.316\,4}{{R_e}^{0.25}} \tag{6-5}$$

(2) 紊流过渡区紊流过渡区可用洛巴耶夫公式确定 λ 值，即

$$\lambda = \frac{1.42}{(\lg R_e \dfrac{d}{K})^2} \tag{6-6}$$

(3) 紊流粗糙区又叫阻力平方区。在此区域内，λ 值仅取决于 K/d。可用尼古拉兹公式计算，即

$$\lambda = \frac{1}{(1.14 + 2\lg \dfrac{d}{K})^2} \tag{6-7}$$

当管径等于或大于 40 mm 时，用希弗林松公式计算更精确，即

$$\lambda = 0.11\,(\frac{d}{K})^{0.25} \tag{6-8}$$

此外，柯列勃洛克公式和阿里特苏里公式可以计算整个紊流区的沿程阻力系数 λ 值，即

$$\frac{1}{\sqrt{\lambda}} = 2\lg(\frac{2.51}{R_e\sqrt{\lambda}} + \frac{K/d}{3.72}) \tag{6-9}$$

$$\lambda = 0.11\,(\frac{d}{K} + \frac{68}{R_e})^{0.25} \tag{6-10}$$

管壁的当量绝对粗糙度 K 值与管子的使用状况（流体对管壁腐蚀与沉积水垢等状况）和管子的使用时间等因素有关。对于热水供暖系统，推荐采用下面的数值：

室内热水供暖系统管路 K =0.2 mm；

室外热水管网 K =0.5 mm；

分户热计量系统中常用的塑料管材 K =0.05 mm。

在室内热水供暖系统管段中，热水的流速通常都较小。因此，热水在室内供暖系统

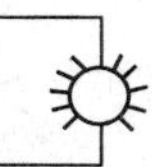

管段中的流动状态，几乎都处于紊流过渡区内。

室外热水管网设计时，采用较高的流速。因此，热水在管网中的流动状态，大多处于紊流粗糙区（阻力平方区）。

在实际的室内热水供暖系统水力计算时，常常已知管段中热水的质量流量 G，流速与流量的关系式为：

$$v = \frac{G}{3\,600\,\frac{\pi d^2}{4}\rho} = \frac{G}{900\pi d^2 \rho} \tag{6-11}$$

式中：G——管段中热水的质量流量，kg/h。

将式（6−11）代入式（6−2）中，经整理后得：

$$R = 6.25 \times 10^{-8}\,\frac{\lambda}{\rho}\,\frac{G^2}{d^5} \tag{6-12}$$

当热水系统的水温和流动状态确定时，式（6−12）中的 λ 和 ρ 值就是已知值，式（6−12）就可以表示为 $R = f(G,d)$ 的函数式。只要已知三个参数中的任意两个就可以确定第三个参数的值。

依据式（6−12）编制出室内热水供暖系统的管路水力计算表，见附表 2。在已知管段长度 L 和查表确定比摩阻 R 后，该管段的沿程损失可由式（6−1）计算得到，可以大大减轻计算工作量。

（二）局部损失

管段的局部损失，可按下式计算：

$$\Delta p_{\mathrm{j}} = \sum \xi \frac{\rho v^2}{2} \tag{6-13}$$

式中：$\sum \xi$——管段中各附件的局部阻力系数之和，见附表 3；

$\frac{\rho v^2}{2}$——表示总局部阻力系数 $\sum \xi = 1$ 时的局部损失，也可用 Δp_{d} 表示，见附表 4。

（三）总损失

热水供暖系统中各个计算管段的总压力损失，即水力计算基本公式，可以用下式计算：

$$\Delta p = \Delta p_{\mathrm{y}} + \Delta p_{\mathrm{j}} = RL + \sum \xi \frac{\rho v^2}{2} \tag{6-14}$$

二、当量局部阻力法和当量长度法

（一）当量局部阻力法

当量局部阻力法是将管段的沿程损失折算成局部损失进行计算。这种方法在实际工程设计中可以简化对计算管段的水力计算。

设某一计算管段的沿程损失相当于某一局部损失，则

$$\Delta p_j = \xi_d \frac{\rho v^2}{2} = L \frac{\lambda}{d} \frac{\rho v^2}{2}$$

$$\xi_d = L \frac{\lambda}{d} \tag{6-15}$$

式中：ξ_d ——当量局部阻力系数。

将式（6-15）代入式（6-14），计算管段的总压力损失可写成

$$\Delta p = \Delta p_y + \Delta p_j = (L \frac{\lambda}{d} + \sum \xi) \frac{\rho v^2}{2} = (\xi_d + \sum \xi) \frac{\rho v^2}{2} \tag{6-16}$$

设

$$\xi_{zh} = \xi_d + \sum \xi \tag{6-17}$$

式中：ξ_{zh} ——管段的折算局部阻力系数。

所以

$$\Delta p = \xi_{zh} \frac{\rho v^2}{2} \tag{6-18}$$

将式（6-11）代入（6-18），则有

$$\Delta p = \frac{1}{900^2 \pi^2 d^4 2\rho} \xi_{zh} G^2 \tag{6-19}$$

令

$$A = \frac{1}{900^2 \pi^2 d^4 2\rho}$$

则管段的总压力损失

$$\Delta p = A \xi_{zh} G^2 \tag{6-20}$$

附表 5 给出了一些管径的 λ/d 值和 A 值。

附表 6 给出了当知 $\xi_{zh} = 1$ 时按式（6-20）编制的热水供暖系统管段压力损失的管径计算表。

在工程设计中，垂直单管顺流式系统，整根立管与干管、支管，支管与散热器的连接方式，在施工规范中给出厂标准的连接图式。因此，为了简化立管的水力计算，可将由许多管段组成的立管看成一个计算管段进行计算。

（二）当量长度法

当量局部阻力法是将管段的局部损失折算成沿程损失进行计算，也是一种简化水力计算的方法。设某一计算管段的局部损失相当于流过长为 L_d 管段的沿程损失，则

$$\sum \xi \frac{\rho v^2}{2} = L_d \frac{\lambda}{d} \frac{\rho v^2}{2} \tag{6-21}$$

则

$$L_d = \sum \xi \frac{d}{\lambda}$$

式中：L_d ——管段中局部阻力的当量长度，m。

则管段的总压力损失，可表示为

$$\Delta p = \Delta p_y + \Delta p_j = (L + L_d)R = L_{zh} R$$

式中：L_{zh} ——管段的折算长度，m。

当量长度法一般多用在室外热水管网的水力计算中。

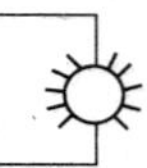

三、室内热水供暖系统管路水力计算的主要任务和方法

（一）室内热水供暖系统水力计算的主要任务

（1）按已知各管段的流量和系统的循环作用压力，确定各管段的管径。这是实际工程设计的主要内容。

（2）按已知各管段的流量和管径，确定系统所需的循环压力。常用于校核循环水泵扬程是否满足要求。

（3）按已知各管段的管径和该管段的允许压降，确定通过该管段的水流量。常用于校核已有的热水供暖系统各管段的流量是否满足需要。

（二）室内热水供暖系统水力计算的方法

常用的水力计算方法有等温降法和不等温降法两种。

等温降法是预先规定每根立管（对双管系统是每个散热器）的水温降，系统中各立管（对双管系统是各散热器）的供、回水温降相等，在这个前提下计算流量，进而确定各管段管径。等温降法简便，易于计算，但不易使各并联环路的阻力达到平衡，系统运行时容易出现近热远冷的水平失调问题。

不等温降法是在各立管温降不相等的前提下进行计算。首先选定管径，根据平衡要求的压力损失去计算立管的流量，根据流量来计算立管的实际温降，最后确定散热器的数量。本计算方法最适用于异程式垂直单管系统。

下面主要介绍等温降法的计算步骤。

（1）根据已知热负荷 Q 和规定的供、回水温差 Δt，计算各管段的流量 G。

$$G=\frac{3\,600Q}{4.187\times10^{3}(t_{g}'-t_{h}')}-\frac{0.86Q}{t_{g}'-t_{h}'}$$

式中：G ——各管段的流量，kg/h；

Q ——各管段的热负荷，W；

t_{g}' ——系统的设计供水温度，℃；

t_{h}' ——系统的设计回水温度，℃。

（2）根据已算出的流量在允许流速范围内，选择最不利循环环路中各管段的管径。

首先，根据系统的循环作用压力，确定最不利环路的平均比摩阻 $R_{p.j}$。

$$R_{p.j}=\frac{\alpha\Delta p}{\sum L}$$

式中：Δp ——最不利循环环路的循环作用压力，Pa；

$\sum L$ ——最不利循环环路的总长度，m；

α ——沿程损失约占总压力损失的估计百分数，参见相关资料书。

有时也可选定一个较合适的平均比摩阻 $R_{p.j}$ 来确定管径。选用的 $R_{p.j}$ 值大，整个环路的管径变小，但系统的压力损失增大，水泵的扬程变大，又增加了电能消耗。因此，就需要确定一个经济的比摩阻来确定管径。机械循环热水供暖系统推荐 $R_{p.j}$ 值一般取 60～120 Pa/m。

根据 $R_{p.j}$ 最不利循环环路中各管段的流量，查水力计算表，选出最接近的管径，确定该管径下管段的实际比摩阻 R_{sh} 和实际流速 v_{sh}。《暖通规范》规定的最大允许流速：民用建筑为 1.2 m/s，生产厂房的辅助建筑为 3 m/s，生产厂房为 3 m/s。

（3）根据流量和选择好的管径，可计算出各管段的沿程损失 Δp_y 和局部损失 Δp_j。

（4）按已算出的各管段的压力损失，进行各并联环路间的压力平衡计算。

如不能满足平衡要求，再调整管径，使之达到平衡为止。《暖通规范》规定：热水供暖系统最不利循环环路与各并联环路之间（不包括共同管段）的计算压力损失相对差值，不应大于±15%。

整个热水供暖系统总的计算压力损失，宜增加 10%的附加值，以此确定系统必需的循环作用压力。

第二节　蒸汽供暖系统管路的水力计算

蒸汽供暖系统的蒸汽管路和凝结水管路，需分别进行水力计算。散热器前蒸汽管水力计算与蒸汽压力有关，因为蒸汽密度是随压力变化的。散热器后的凝结水管水力计算与管内是否充满水有关。

一、蒸汽管路

在低压蒸汽供暖系统中，靠锅炉出口处蒸汽本身的压力，使蒸汽沿管道流动，最后进入散热器凝结放热。

蒸汽在管道中流动时，同样有摩擦压力损失 Δp_y 和局部阻力损失 Δp_j。

蒸汽管道内的单位长度摩擦压力损失，用流体力学的达西·维斯巴赫公式进行计算：

$$R = \frac{\lambda}{d} \cdot \frac{\rho v^2}{2}$$

式中：R ——单位长度摩擦压力损失，Pa/m；

λ ——管道的摩擦压力系数；

d ——管道的内径，m；

v ——热媒在管道中的流速，m/s；

ρ ——热媒的密度，kg/m³。

在计算低压蒸汽管路时，因为蒸汽的密度随蒸汽的压力沿管路变化，但变化不大，认为每个管段内的流量和整个系统的密度是不变的。在低压蒸汽供暖系统中，蒸汽的流动状态多处于湍流的过渡区，沿程阻力系数 λ 的计算公式可采用过渡区公式计算：

$$\lambda = 0.11\left(\frac{K}{d} + \frac{68}{R_e}\right)^{0.25}$$

式中：K ——管壁的当量绝对粗糙度，室内低压蒸汽供暖系统管壁的当量绝对粗糙度

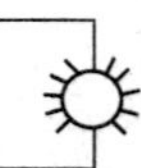

$K=0.2$ mm；

d ——管子内径，m；

R_e ——雷诺数，判别流体流动状态的准数。

附表 7 给出了低压蒸汽管路水力计算表。

管段的沿程阻力损失按下式计算：

$$\Delta p_{\mathrm{y}} = RL$$

式中：L ——计算管道长度，m。

低压蒸汽供暖管路的局部压力损失的确定方法与热水供暖管路相同，按下式计算：

$$\Delta p_{\mathrm{j}} = \sum \xi \frac{\rho v^2}{2}$$

式中：$\sum \xi$ ——管道中总的局部阻力系数，ξ 值见附录；

$\frac{\rho v^2}{2}$ ——低压蒸汽水力计算的动压力，Pa，参见相关资料书。

低压蒸汽管道的压力损失按下式计算：

$$\Delta p = \Delta p_{\mathrm{y}} + \Delta p_{\mathrm{j}}$$

低压蒸汽供暖系统的蒸汽管路的水力计算，应从最不利环路开始，即从锅炉出口到最远的散热器的管路。

最不利环路的水力计算有控制比压降法和平均比摩阻两种。

(1) 控制比压降法是将最不利管路的每 1 m 总压力损失控制在约 100 Pa/m 来计算。

(2) 平均比摩阻法是在已知锅炉出口压力或室内系统始端蒸汽压力下进行计算的。

$$R_{\mathrm{p.j}} = \frac{\alpha(p_{\mathrm{g}} - 2\,000)}{\sum L}$$

式中：$R_{\mathrm{p.j}}$ ——低压蒸汽供暖系统最不利管路的平均比摩阻，Pa/m；

α ——沿程阻力损失占总损失的百分数，取 $\alpha=60\%$；

p_{g} ——锅炉出口压力或室内系统始端蒸汽压力，Pa；

2 000——散热器入口要求的剩余压力，Pa；

$\sum L$ ——最不利蒸汽管道的总长度，m。

计算完最不利环路后，再进行其他并联管路的水力计算，可按平均比摩阻法来选择管径，但暖通设计规范规定：管内流速的最大允许流速，汽水同向流动时 $\leqslant 30$ m/s，汽水逆向流动时 $\leqslant 20$ m/s。

并联支路压力损失的相对差额，即节点不平衡率一般控制在 25%以内。此外，考虑蒸汽管内沿途凝水和空气的影响，末端管径应适当放大，当干管始端管径在 50 mm 以上时，末端管径应不小于 32 mm；当干管始端管径在 50 mm 以下时，末端管径应不小于 25 mm。

二、凝水管路

低压蒸汽供暖系统的凝结水管分干式和湿式两类。干式即非满管流动上部分是空气，下部分是凝水，可产生二次蒸汽；排气管之后的管路内全部被凝水充满，就是湿式。

低压蒸汽供暖系统的干式凝结水管和湿式凝结管的管径选择可参见相关资料书的自流凝结水管管径选择表。根据凝结水管负担的供热量来确定。要求凝水干管的坡度不小于0.005，且凝水干管始端管径一般不小于25 mm；个别始端负荷不大时，可不小于20 mm。散热器凝水支管一般用15 mm。湿式凝水管的空气管管径一般采用15 mm。

思考与练习

1. 列举热水供暖系统管路水力计算相关的基本量。
2. 简述热水供暖系统的水力计算方法。
3. 室内热水供暖系统管路水力计算的主要任务是什么？
4. 简述流体力学的达西·维斯巴赫公式中各个量的含义。
5. 最不利环路的水力计算方法有哪些？

第七章　室内供暖系统施工

第一节　供暖系统施工图的制作

一、供暖系统施工图的组成

供暖系统的施工图主要由设计施工说明（包括主要设备材料表）、平面图、轴测图、详图和节能设计计算书等组成。

1. 设计施工说明

（1）介绍工程概况，主要包括工程所在地点、建筑层数等。

（2）说明供暖设计依据的标准、规范名称及代号。

（3）给出室内外设计参数。室内设计参数是依据各房间的不同功能而确定的，室外设计参数主要是指供暖室外计算温度和冬季主导风向。

（4）由建筑专业提供的建筑物体形系数、各向窗墙面积比以及围护结构（如外墙、屋顶、楼梯间隔墙、玻璃窗、户门等）的做法和传热系数值。

（5）供暖系统包括热媒参数、热源形式、供暖系统的形式、供暖设计热负荷（W）及阻力损失（ kPa）、供暖设计热负荷指标（W/m^2），并且要说明散热设备的类型及型号。

（6）建筑入口（或系统分支）监测、调控、计量方式及采用的标准图。

（7）供暖管道保温材料、厚度及结构。

（8）主要设备表应符合下列规定：

①填写完整、书写清楚、选型正确。

②设备表应包括设备名称、设备型号、设备主要技术参数、设备电机功率、设备安装台数和同时使用台数。

（9）设计结论：是否达到了节能标准。

2. 平面图

平面图是利用正投影原理，采用水平全剖的方法，表示出建筑物各层供暖管道与设备的平面布置。内容包括：

（1）房间名称，立管位置及编号，散热器安装位置、类型、片数（长度）及安装方式。

(2) 引入口的位置，供、回水总管的走向、位置及采用的标准图号（或详图号）。

(3) 干、立、支管的位置、走向、管径。

(4) 膨胀水箱、集气罐等设备的位置、型号及其与管道的连接情况。

(5) 补偿器型号、位置，固定支架的安装位置与型号。

(6) 室内管沟（包括过门地沟）的位置和主要尺寸，活动盖板的设置位置等。

平面图一般包括标准层平面图、顶层平面图、底层平面图。

平面图常用的比例有 1∶50、1∶100、1∶200 等。

3. 轴测图

轴测图又称系统图，是表示供暖系统的空间布置情况、散热器与管道空间连接形式及设备、管道附件等空间关系的立体图。标有立管编号、管道标高、各管段管径、水平干管的坡度、散热器的片数（长度）及集气罐、膨胀水箱、阀件的位置、型号规格等。可了解供暖系统的全貌。比例与平面图相同。

4. 详图

详图表示供暖系统节点与设备的详细构造及安装尺寸要求。平面图和系统图中表示不清，又无法用文字说明的地方，如引入口装置、膨胀水箱的构造与管沟断面、保温结构等可用详图表示。如果选用的是国家标准图集，可给出标准图号，不出详图。常用的比例是 1∶10～1∶50。

5. 设计、施工说明

说明设计图纸无法表示的问题，如热源情况，供暖设计热负荷，设计意图及系统形式，进出口压力差，散热器的种类、形式及安装要求，管道的敷设方式、防腐保温、水压试验要求，施工中需要参照的有关专业施工图号或采用的标准图号等。

二、供暖施工图示例

为更好地了解供暖施工图的组成及主要内容，掌握绘制施工图的方法与技巧并读懂供暖施工图，现举例加以说明。

（一）3 层办公楼供暖施工图

如图 7－1～图 7－4 所示。该供暖施工图包括一层供暖平面图，二、三层供暖平面图和供暖系统图。比例均为 1∶100。该系统采用机械循环上供下回双管热水供暖系统，供回水温度 95/70 ℃。看图时，平面图与系统图要对照来看，从供水管入口开始，沿水流方向，按供水干、立、支管顺序到散热器，再由散热器开始，按回水支管、立管、干管顺序到出口。

供暖引入口设于该办公楼东侧管沟内，供水干管沿管沟进入东面外墙内侧楼梯间(管沟尺寸为 1.0 m×1.2 m)，向上升至 10.05 m 高度处分为南北两个环路，干管布置在顶层楼板下面，末端设集气罐。整个系统布置成异程式，热媒沿各立管通过散热器散热，流入位于管沟内的回水干管，最后汇集在一起，通过引出管流出。

系统每个立管上、下端各安装一个闸阀，每组散热器入口装一个截止阀。散热器采用高频焊翅片管式，长度已标注在各层平面图中，明装。

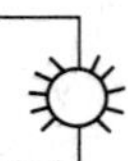

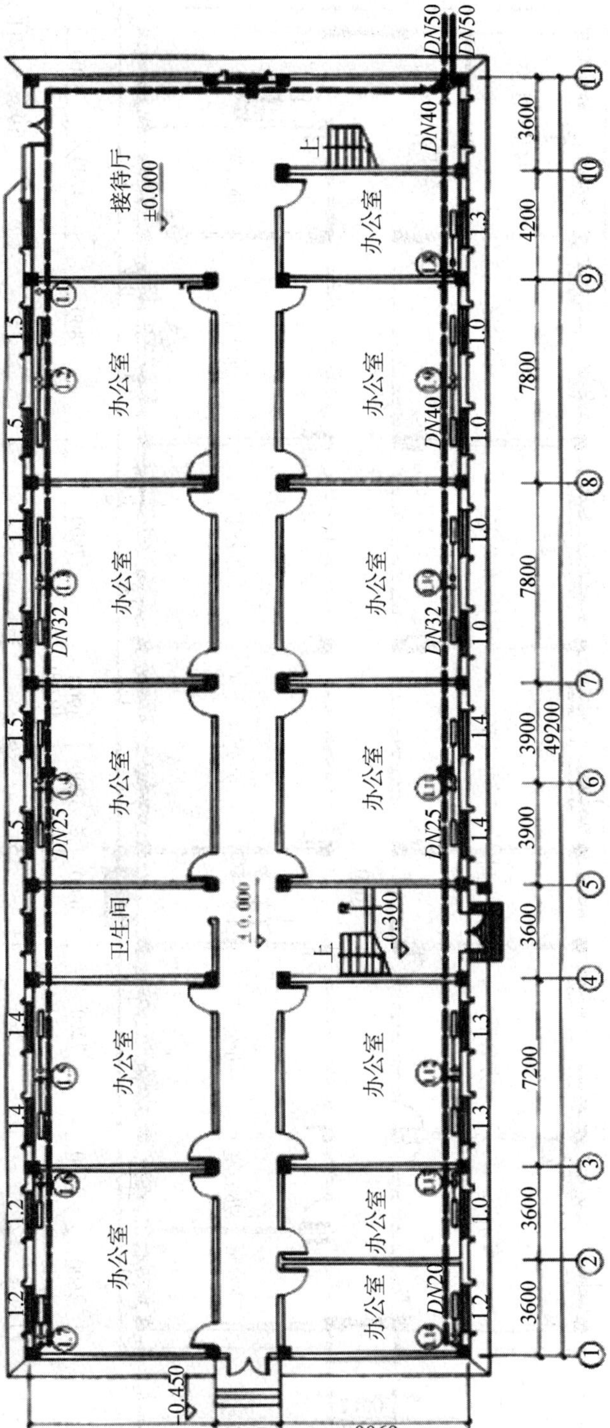

图 7－1　**一层供暖平面图**（1：100）

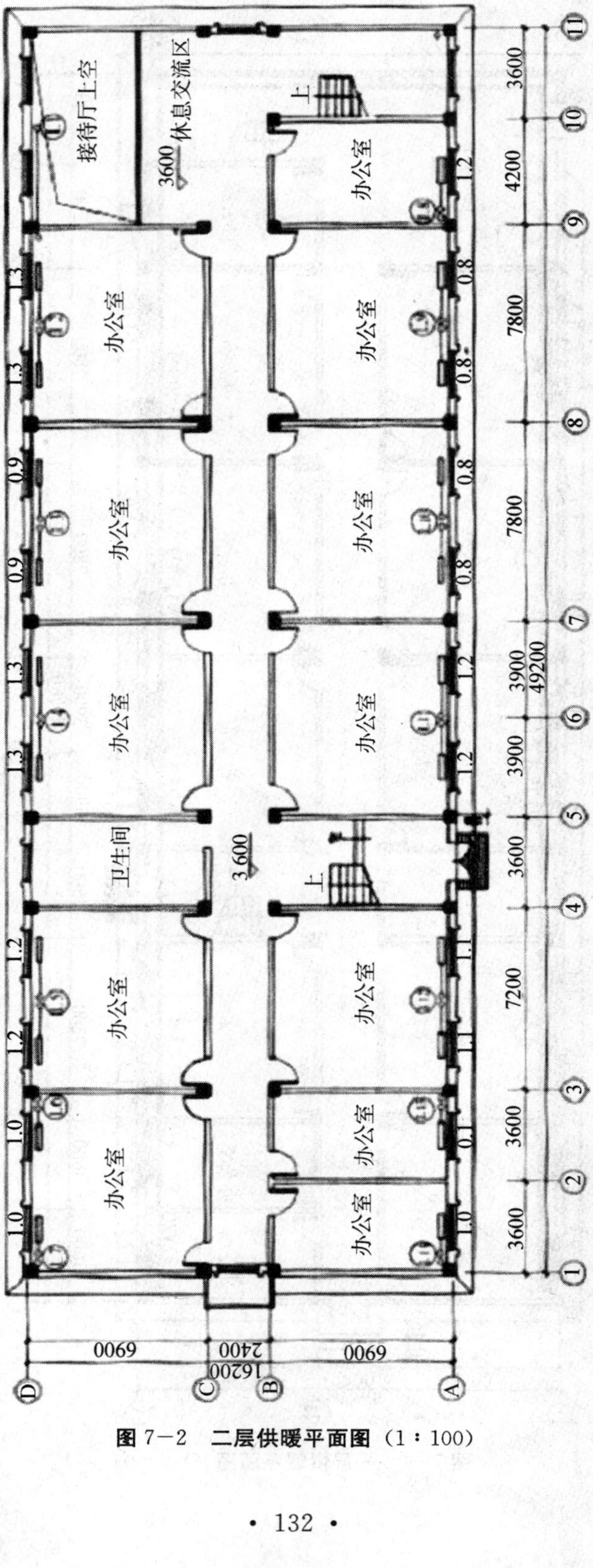

图 7-2　二层供暖平面图（1：100）

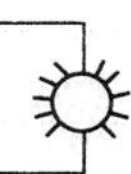

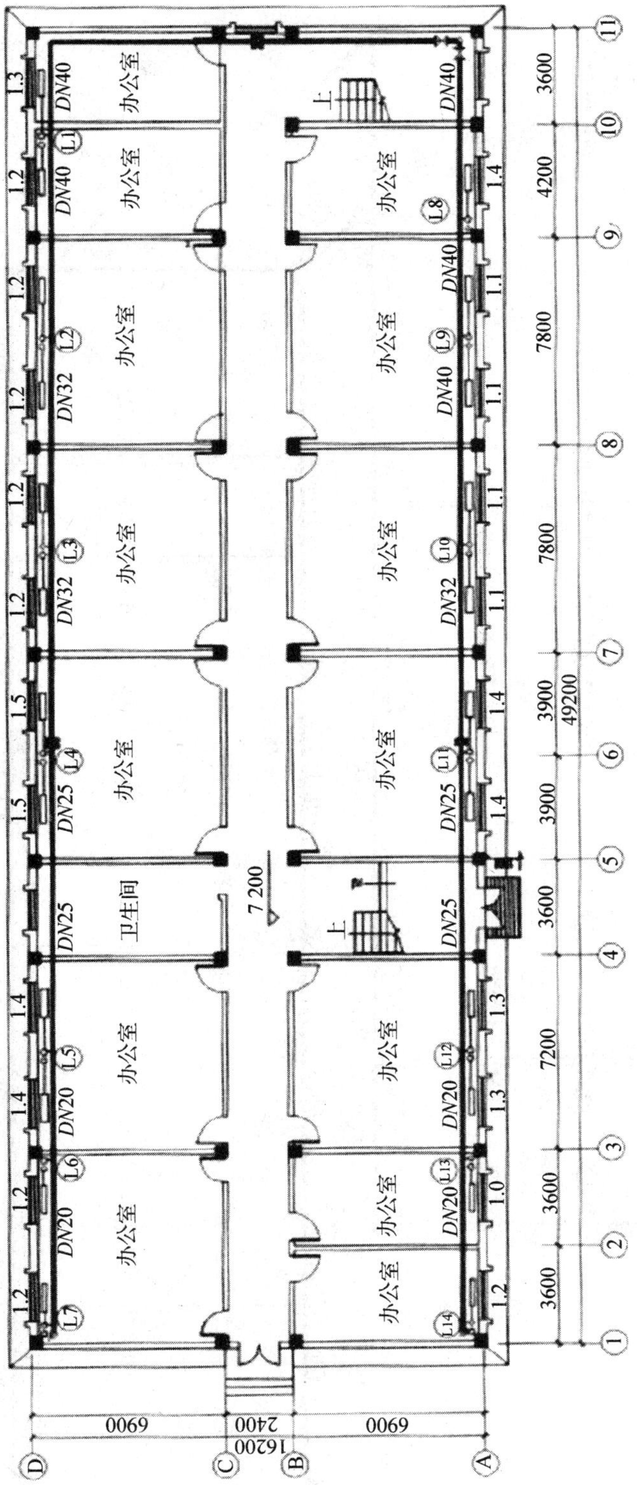

图 7－3　三层供暖平面图（1∶100）

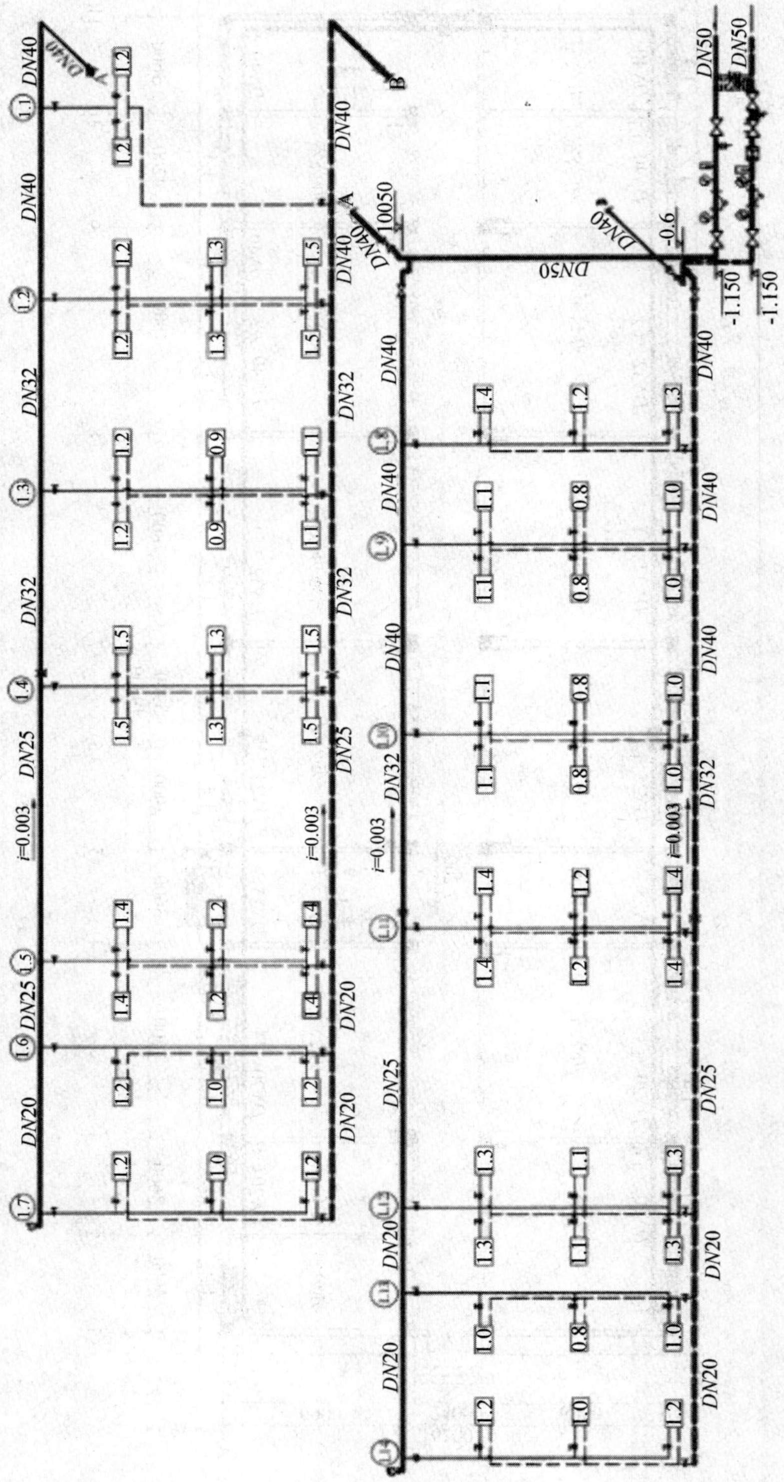

图 7－4　供暖系统图

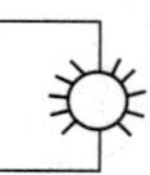

（二）住宅分户计量供暖施工图

如图 7—5～图 7—9 所示。该系列图是一 6 层砖混住宅供暖施工图，热媒由小区热交换站提供，供回水温度为 80/60 ℃。入户供暖引入口设在单元北侧管沟内（管沟尺寸为 1.0 m×0.7 m），供回水干管沿管沟布置，一直到管井。供回水主立管沿着管井向上，顶端设自动排气阀各一个。各层户内系统从主立管接出，一户一表，热量表、过滤器、阀门均设在楼梯间管井内，每户为一独立供暖系统。户内供暖系统为下供下回双管系统，供回水管均采用管径为 20×2.8 PP—R 无规共聚聚丙烯管，埋设在各层楼板后浇层预留管槽内。每个散热器入口安装温控阀。

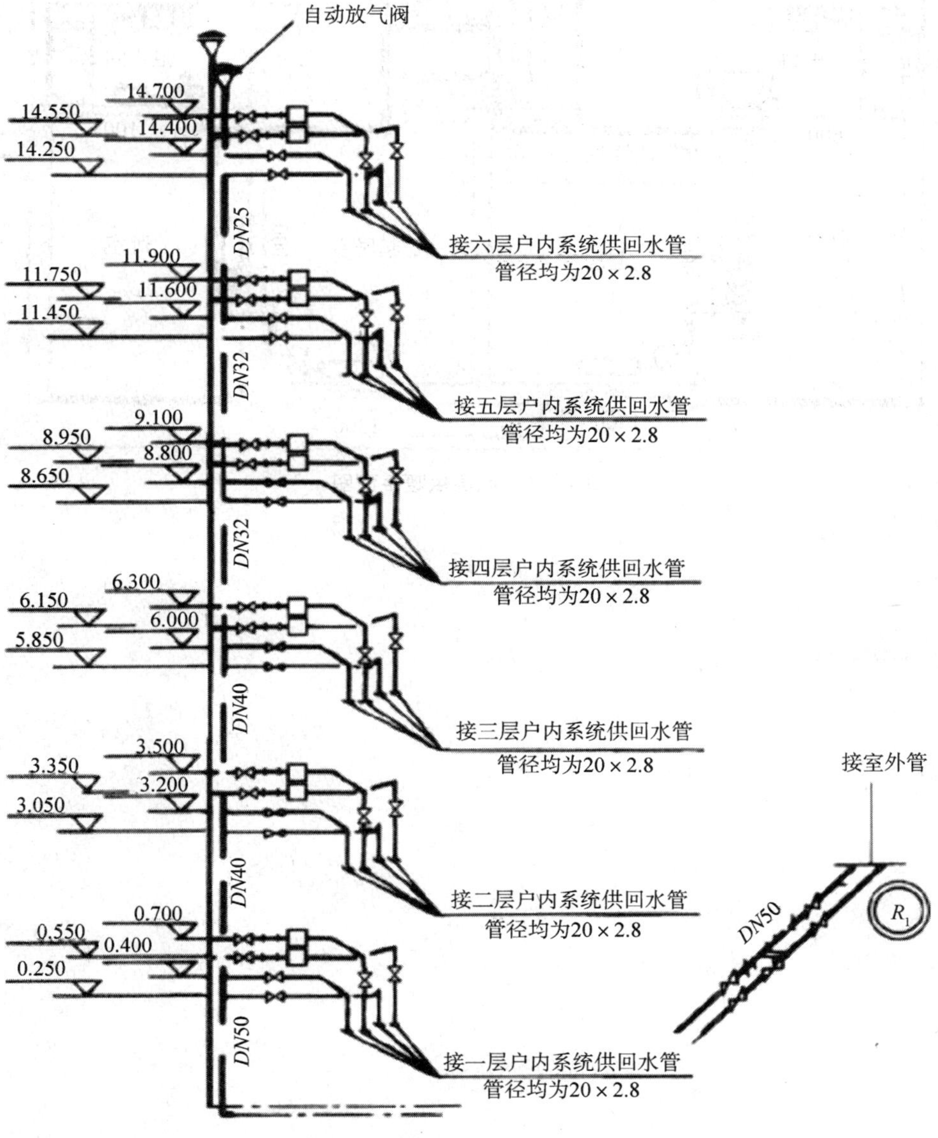

图 7—5　供暖系统干管投影图

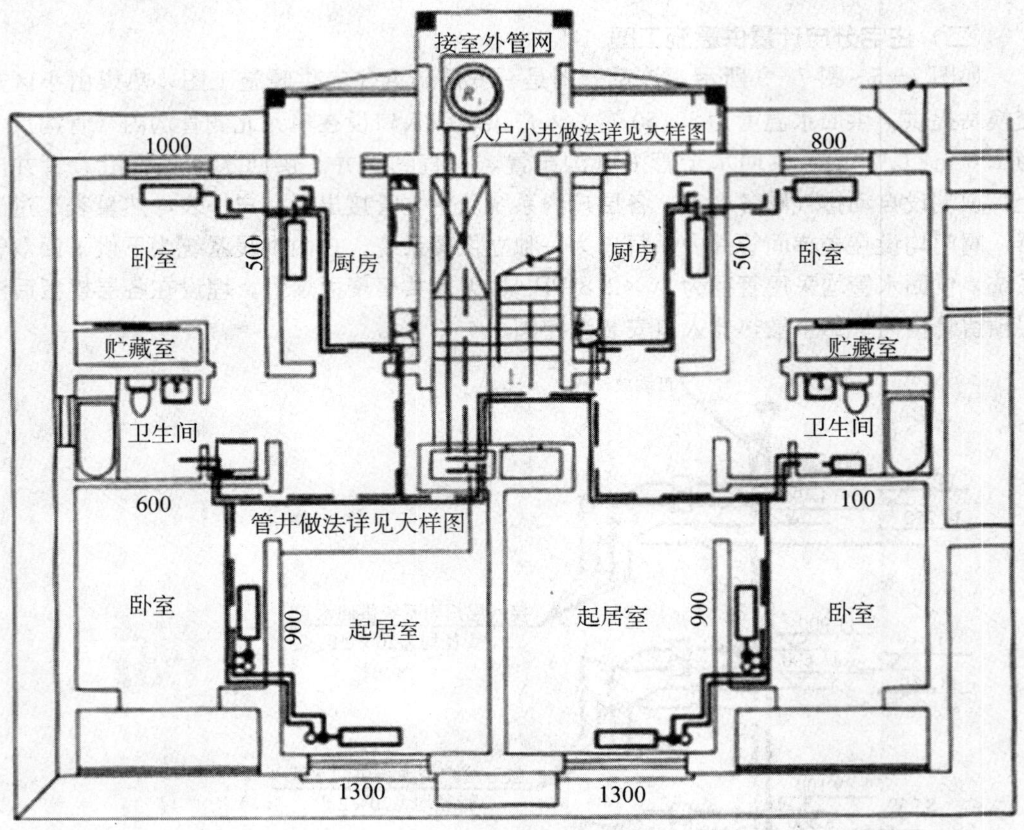
接室外管网
入户小井做法详见大样图
1000
800
卧室
500
厨房
厨房
500
卧室
贮藏室
贮藏室
卫生间
卫生间
600
100
管井做法详见大样图
卧室
900
起居室
起居室
900
卧室
1300
1300

图 7－6　底层供暖平面图

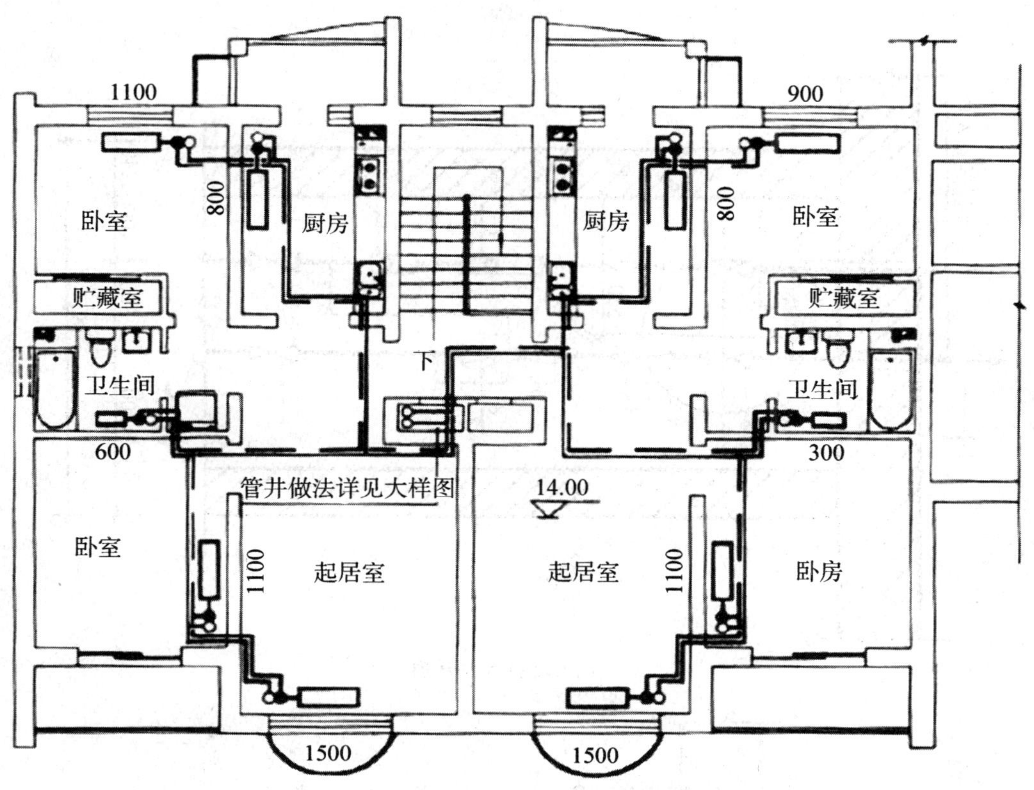

图7-7　标准层供暖平面图

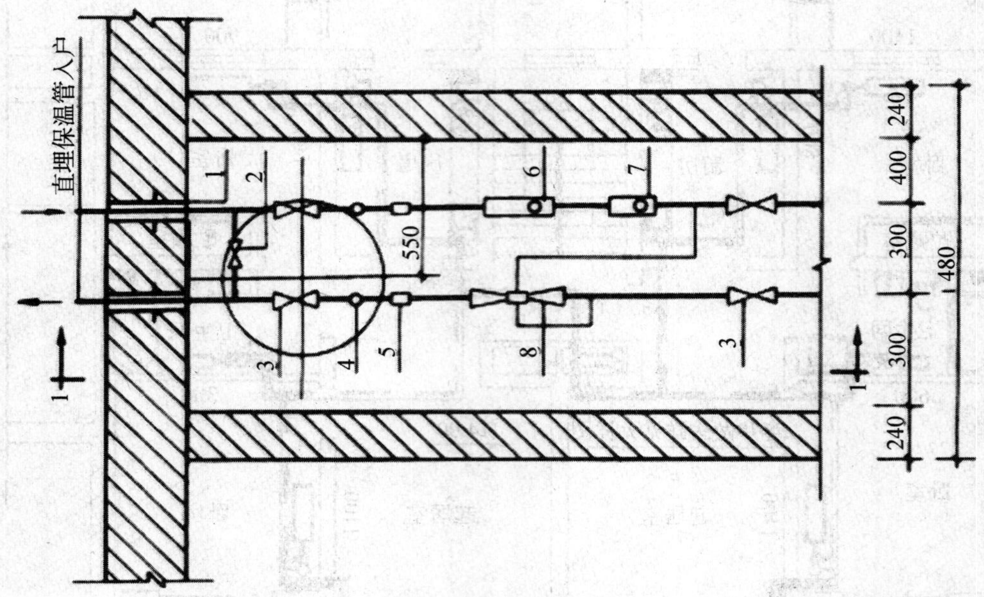

(a) 供暖引入口详图

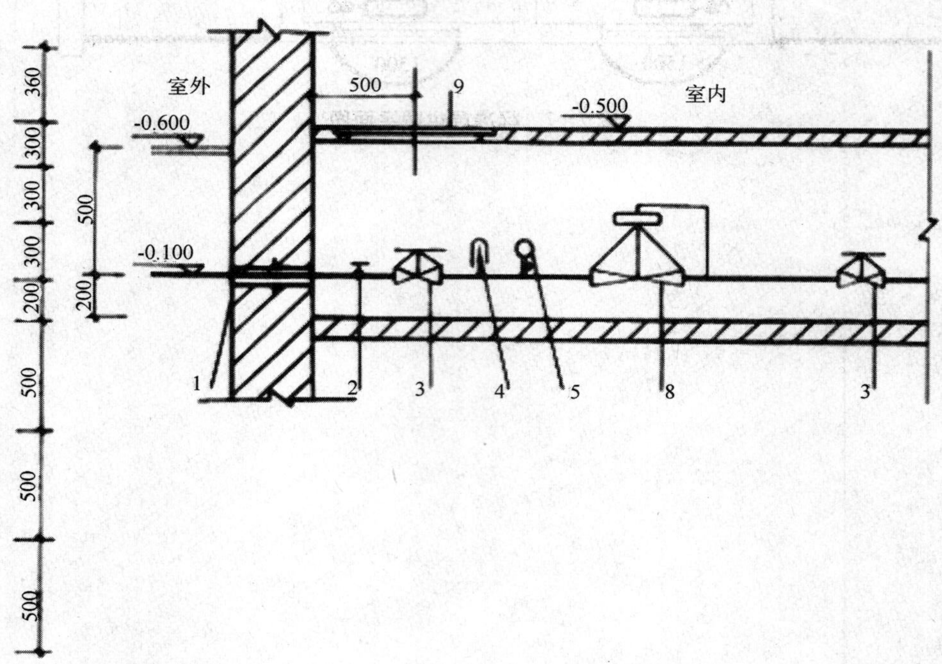

(b) 1—1 剖面图

1—刚性防水套管；2—截止阀；3—球阀；4—温度计；5—压力表；6—过滤器（∅=3 mm）；7—过滤器（40 目）；8—压差控制阀；9—入孔

图 7—8 供暖引入口详图

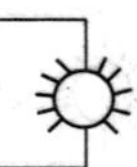

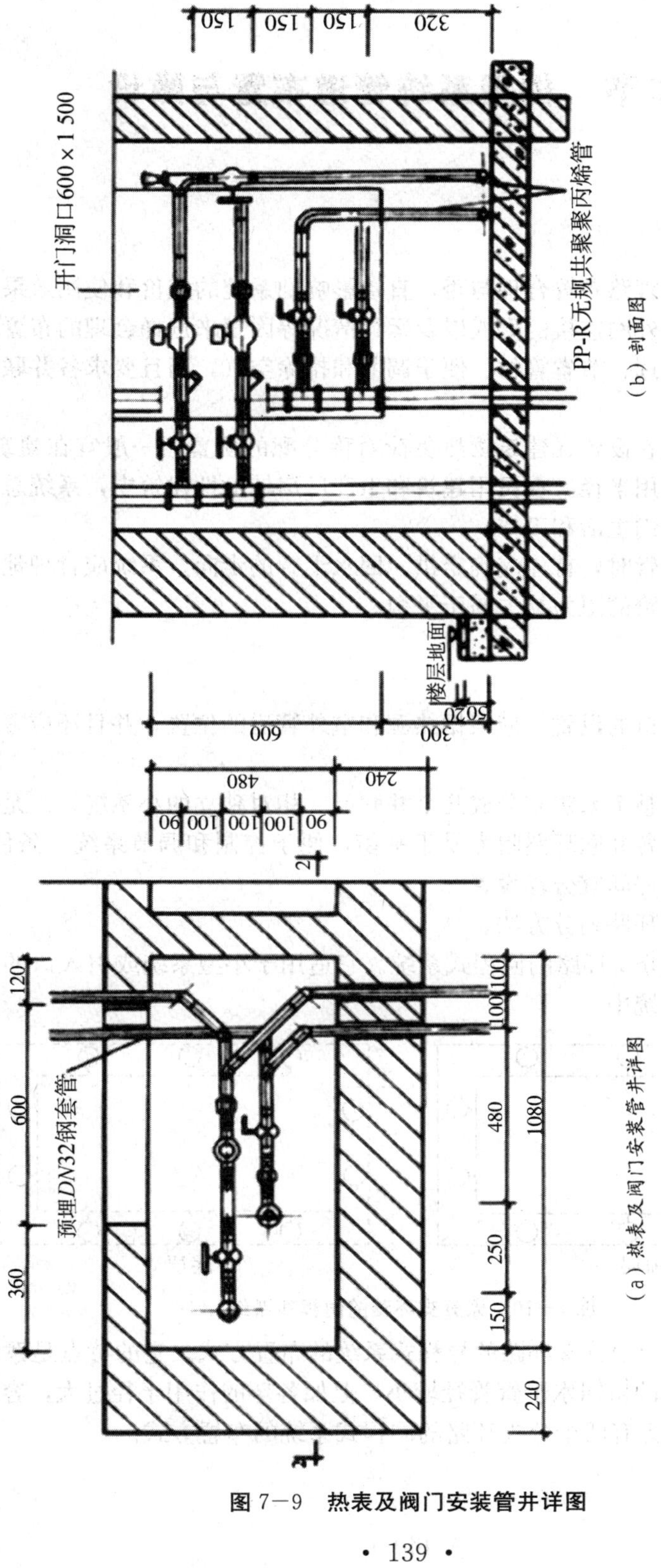

图 7－9　热表及阀门安装管井详图

第二节　供暖系统管道布置与敷设

一、管路布置

室内热水供暖系统管路布置合理与否，直接影响到系统的造价和使用效果。应根据建筑物的具体条件、与外网连接的形式以及运行情况等因素来选择合理的布置方案，力求系统管道走向布置合理、节省管材、便于调节和排除空气，而且要求各并联环路的阻力损失易于平衡。

供暖系统的引入口宜设置在建筑物热负荷对称分配的位置，一般宜在建筑物中部，这样可以缩短系统的作用半径。在民用建筑和生产厂房辅助性建筑中，系统总立管在房间内的布置不应影响人们生活和工作。

在布置供、回水干管时，首先应确定供、回水干管的走向。系统应合理地分成若干支路，而且尽量使各支路的阻力损失易于平衡。

二、环路划分

室内供暖系统引入口的设置，应根据热源和室外管道的位置，并且还应考虑有利于系统的环路划分。

环路划分一是要将整个系统划分成几个并联的、相对独立的小系统，二是要合理划分，使热量分配均衡，各并联环路阻力易于平衡，便于控制和调节系统。条件许可时，建筑物供暖系统南北向房间宜分环设置。

下面是几种常见的环路划分方法。

图 7－10 所示为无分支环路的同程式系统。它适用于小型系统或引入口的位置不易平分成对称热负荷的系统中。

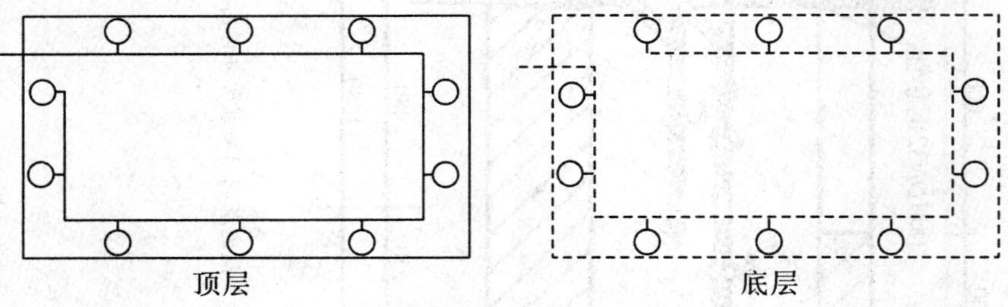

图 7－10　无分支环路的同程式系统

图 7－11 所示为有两个分支环路的异程式系统的布置方式。它的特点是系统南北分环，容易调节。各环路的供回水干管管径较小，但如各环的作用半径过大，容易出现水平失调。图 7－12 所示为有两个分支环路的同程式系统的布置方式。

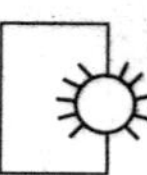

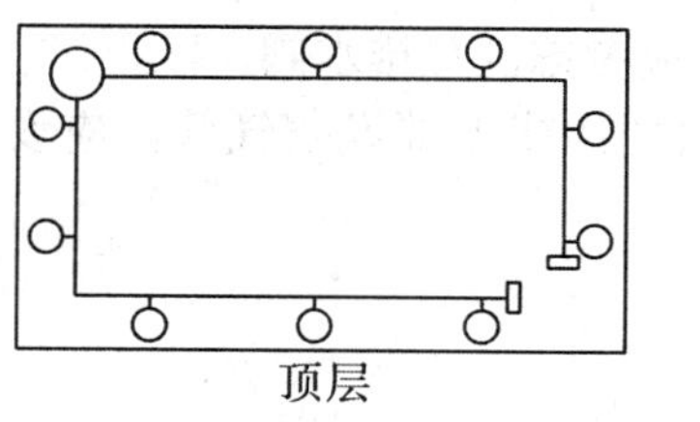

顶层

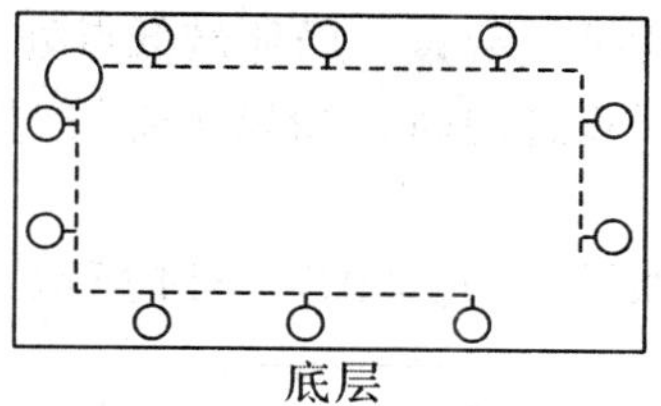

底层

图 7－11　两个分支环路的异程式系统

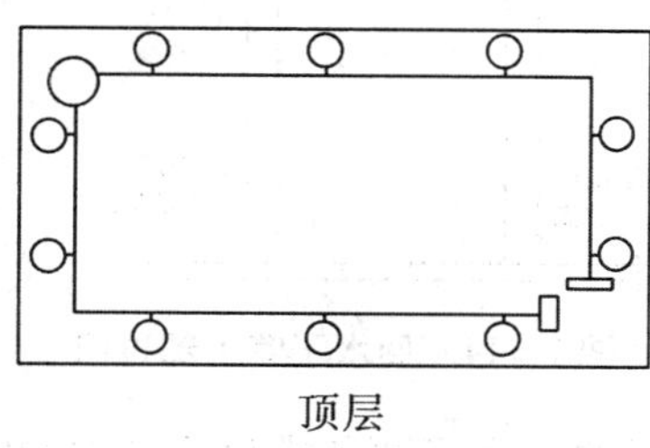

顶层

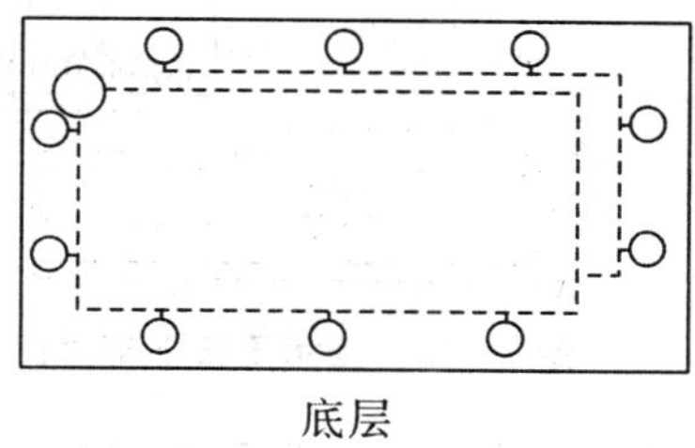

底层

图 7－12　两个分支环路的同程式系统

一般宜将供水干管的始端放置在朝北一侧，而末端设在朝南一侧。也可以采用其他的管路布置方式，应视建筑物的具体情况灵活确定。在各分支环路上，应设置关闭和调节装置。

室内热水供暖系统的管路应明装，有特殊要求时，方采用暗装。尽可能将立管布置在房间的角落。尤其在两外墙的交接处。在每根立管的上、下端应装阀门，以便检修放水。对于立管很少的系统，也可仅在分环供、回水干管上安装阀门。

对于上供下回式系统，供水干管多设在顶层顶棚下。顶棚的过梁底标高距离窗户顶部之间的距离应满足供水干管的坡度和设置集气罐所需的高度。回水干管可敷设在地面上，地面上不容许敷设或净空高度不够时，回水干管设置在半通行地沟或不通行地沟内。

为了有效排出系统内的空气，所有水平供水干管应具有不小于 0.002 的坡度。当受到条件限制时，机械循环系统的热水管道可无坡度敷设，但管中的水流速度不得小于 0.25 m/s。

三、室内管道敷设要求

室内供暖系统管道应尽量明设，以便于维护管理和节省造价，有特殊要求或影响室内整洁美观时，才考虑暗设。敷设时应考虑以下几点。

（1）上供下回式系统的顶层梁下和窗顶之间的距离应满足供水干管的坡度和集气罐的设置要求。集气罐应尽量设在有排水设施的房间，以便于排气。

回水干管如果敷设在地面上，底层散热器下部和地面之间的距离也应满足回水干管敷设坡度的要求。如果地面上不允许敷设或净空高度不够时，应设在半通行地沟或不通行地沟内。

供、回水干管的敷设坡度应满足《暖通规范》的要求。

（2）管路敷设时应尽量避免出现局部向上凹凸现象，以免形成气塞，在局部高点处，应考虑设置排气装置。局部最低点处，应考虑设置排水阀。

(3) 回水干管过门时，如果下部设过门地沟或上部设空气管，应设置泄水和排气装置。

具体做法如图 7－13 和图 7－14 所示。

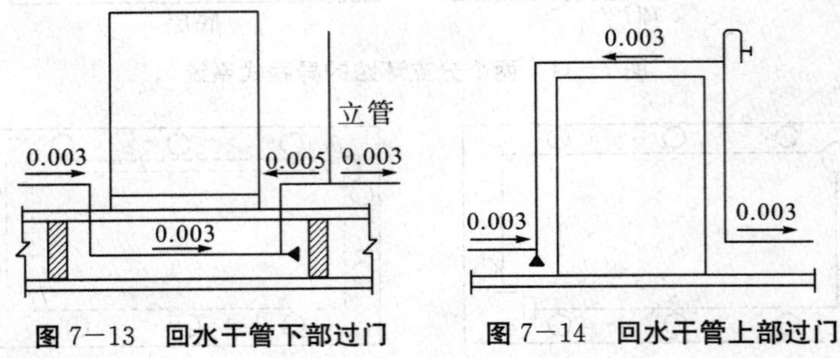

图 7－13　回水干管下部过门　　图 7－14　回水干管上部过门

两种做法中均设置了一段反坡向的管道，目的是为了顺利排除系统中的空气。

(4) 立管应尽量设置在外墙角处，以补偿该处过多的热损失，防止该处结露。楼梯间或其他有冻结危险的场所，应单独设置立管，该立管及各组散热器的支管上均不得安装阀门。

(5) 室内供暖系统的供、回水管上应设阀门；划分环路后，各并联环路的起、末端应各设一个阀门，立管的上下端各设一个阀门，以便于检修、关闭。

热水供暖系统热力入口处的供水、回水总管上应设置温度计、压力表及除污器。必要时应装设热量表。

(6) 散热器的供、回水支管应考虑避免散热器上部积存空气或下部放水时放不净，应沿水流方向设下降的坡度，如图 7－15 所示。坡度不得小于 0.01。

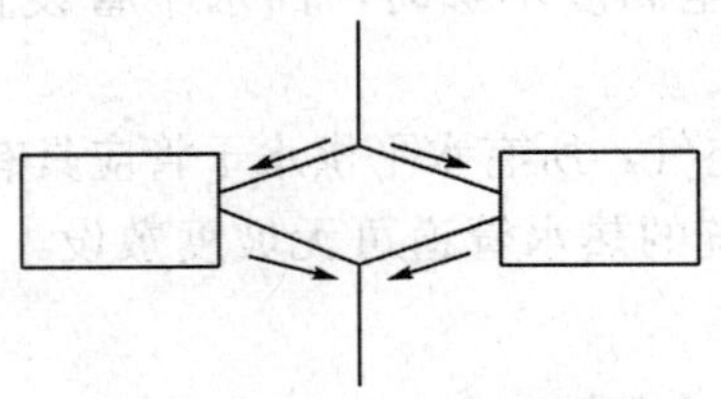

图 7－15　散热器支管的坡向

(7) 穿过建筑物基础、变形缝的供暖管道，以及埋设在建筑结构里的立管，应采取防止由于建筑物下沉而损坏管道的措施。当供暖管道必须穿过防火墙时，在管道穿过处应采取防火封堵措施，并在管道穿过处采取固定措施，使管道可向墙的两侧伸缩。供暖管道穿过隔墙和楼板时，宜装设套管。供暖管道不得同时输送燃点低于或等于 120 ℃的可燃液体或可燃、腐蚀性气体的管道在同一条管沟内平行或交叉敷设。

(8) 供暖管道在管沟或沿墙、柱、楼板敷设时，应根据设计、施工与验收规范的要求，每隔一定间距设置关卡或支、吊架。为了消除管道受热变形产生的热应力，应尽量利用管道上的自然转角进行热伸长的补偿，管线很长时，应设补偿器，适当位置设固定支架。

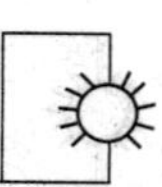

（9）供暖管道多采用水煤气钢管，可采用螺纹连接、焊接和法兰连接。管道应按施工与验收规范要求作防腐处理。敷设在管沟、技术夹层、闷顶、管道竖井或易冻结地方的管道，应采取保温措施。

（10）供暖系统供水、供汽干管的末端和回水干管始端的管径，不宜小于 20 mm。低压蒸汽的供汽干管可适当放大。

四、室外管道的敷设

供热管道的敷设是指将供热管道及其部件按设计条件组成整体并使之就位的工作。应根据当地气象、水文、地质、地形、交通线的密集程度及绿化、总平面布置（包括其他各种管道的布置）、维修方便等因素确定。

供热管道的敷设可分为地上敷设（架空）和地下敷设（地沟或直埋）两大类。

（一）地上敷设

地上敷设又称架空敷设，是管道敷设在地面上的或附墙的支架上的敷设方式。

地上敷设按支架的高度不同可分为低支架敷设、中支架敷设和高支架敷设。

1. 低支架敷设

低支架敷设的管道保温结构下表面距地面的净高应不小于 0.3 m，以防雨雪的侵蚀。如图 7－16 所示。

低支架敷设一般用于不妨碍交通，不影响厂区、街区扩建的地方。通常是沿工厂围墙或平行于公路、铁路布置。

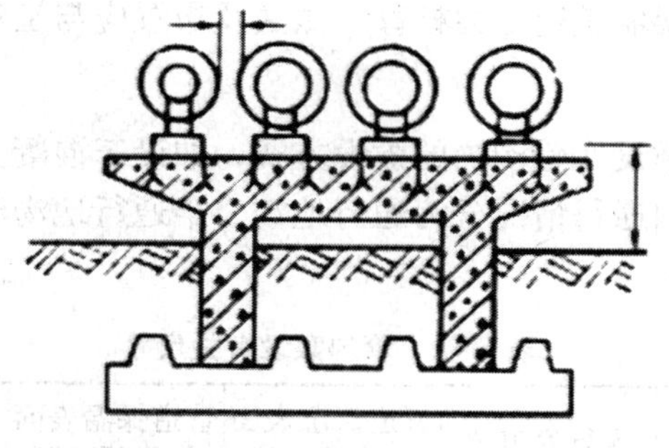

图 7－16　低支架示意图

2. 中支架敷设

如图 7－17 所示。中支架敷设的管道保温结构下表面距地面的净高应为 2.0～4.0 m。中支架敷设一般用于穿越行人过往频繁、需要通行车辆的地方。

3. 高支架敷设

如图 7－17 所示。高支架敷设的管道保温结构下表面距地面的净高为 4.0～6.0 m。高支架敷设一般用于管道跨越公路或铁路的地方。

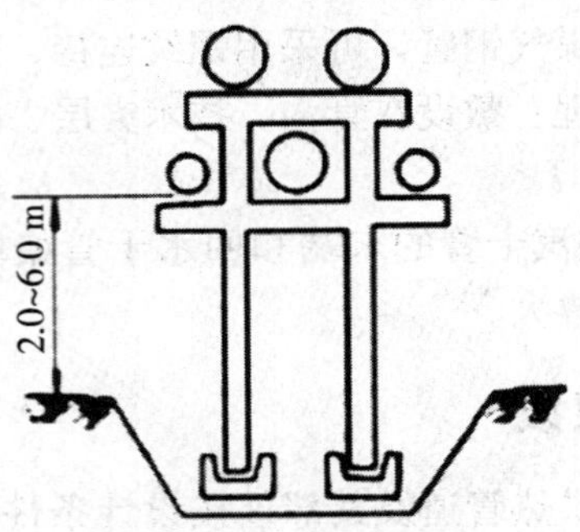

图 7－17　中、高支架示意图

地上敷设所用支架通常采用砖砌、毛石砌、钢筋混凝土结构、钢结构。

地上敷设的管道不受地下水的侵蚀，使用寿命长，管道的坡度易于保证，管道所需的排水、放气设备少，能充分使用工作可靠、构造简单的方形补偿器，维护管理方便，但占地面积多，不够美观。

地上敷设适用于地下水位高，年降雨量大，地下土质为湿陷性黄土或腐蚀性土壤，沿管线地下设施密度大以及采用地下敷设时土方工程量太大的地区。居住区及其他民用建筑的供热管道不宜采用地上敷设，只有在不允许地下敷设和不影响美观的前提下才可考虑地上敷设。

采用地上敷设时应尽量利用建筑物外墙、屋顶，并考虑建筑物或构筑物对管道荷载的支承能力。管道保温的外保护层的选择应考虑日晒、雨淋的影响，防止保温层受潮而破坏。架空管道固定支架需进行推力核算，做法及布置应与土建结构专业密切配合。

（二）地沟敷设

地沟敷设是将管道敷设在管沟内的敷设方式，如设于混凝土或砖（石）砌筑的管沟内。地沟敷设按人在沟内通行情况分为通行地沟、半通行地沟和不通行地沟。各管沟敷设尺寸要求见表 7－1。

表 7－1　管沟敷设有关尺寸

管沟类型	管沟净高（m）	人行通道宽（m）	管道保温表面与沟墙净距（m）	管道保温表面与沟顶净距（m）	管道保温表面与沟底净距（m）	管道保温表面间的净距（m）
通行管沟	≥1.8	≥0.6	≥0.2	≥0.2	≥0.2	≥0.2
半通行管沟	≥1.2	≥0.5	≥0.2	≥0.2	≥0.2	≥0.2
不通行管沟			≥0.1	≥0.05	≥0.15	≥0.2

注：当必须在沟内更换钢管时，人行通道宽度还不应小于管子外径加 0.1 m。

1. 通行地沟

如图 7－18 所示，通行地沟是指工作人员可直立通行及在内部完成检修用的管沟。其土方量大，建设投资高，仅在穿越不允许开挖检修的地段，如管道穿越建筑物、铁路、交通要道等场合。沟内可两侧安装管道。

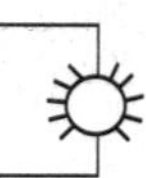

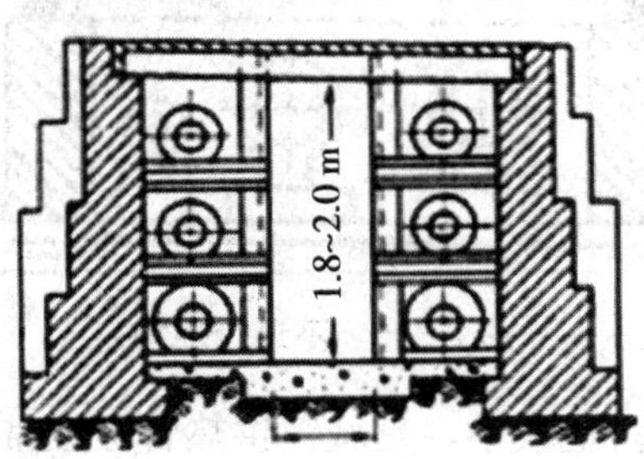

图 7－18　通行地沟

工作人员经常进入的通行地沟应有照明设备和良好的通风。人员在地沟内工作时，空气温度不得超过 40 ℃。

通行地沟应设事故人孔。设有蒸汽管道的通行地沟，事故人孔间距不应大于 100 m；热水管道的通行地沟，事故人孔间距不应大于 400 m。

整体混凝土结构的通行管沟，每隔 200 m 宜设一个安装孔。安装孔宽度不应小于 0.6 m且应大于管沟内最大一根管道的外径加 0.1 m，其长度应保证 6 m 长的管子进入管沟。当需要考虑设备进出时，安装孔宽度还应满足设备进出的需要。

2. 半通行地沟

如图 7－19 所示，半通行地沟是指工作人员可弯腰通行及在内部完成一般检修用的管沟。半通行地沟，每隔 60 m 应设置一个检修出口。

当采用通行管沟困难时，可采用半通行管沟敷设，以利于管道维修，缩小大修时的开挖范围。

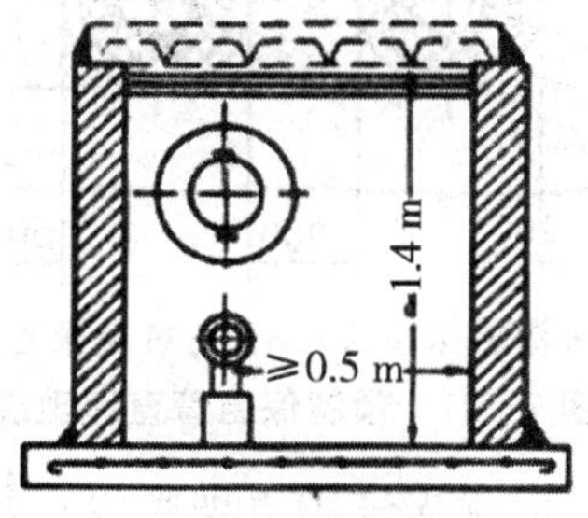

图 7－19　半通行地沟

3. 不通行地沟

如图 7－20 所示，不通行地沟是净空尺寸仅能满足敷设管道的基本要求，人不能进入的管沟。管道的中心距离，应根据管道上阀门或附件的法兰盘外缘之间的最小操作净距离的要求确定。

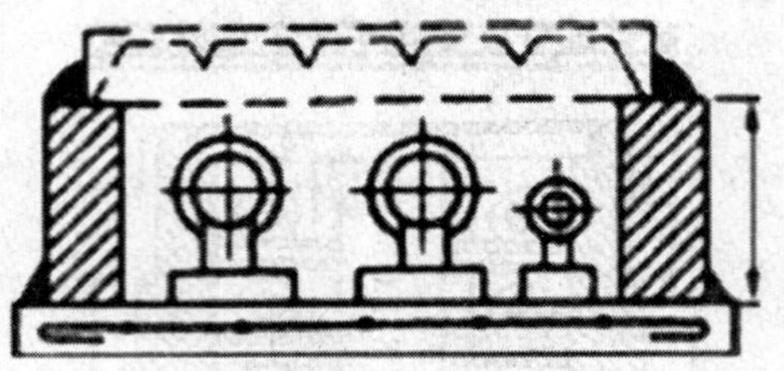

图 7－20　不通行地沟

不通行地沟造价较低，占地较小，是城镇供热管道经常采用的敷设方式。一般用于管道间距离较短、数量较少、管子规格比较小、不需要经常检修维护的管道上。热水或蒸汽管道采用管沟敷设时，应首选不通行管沟敷设。

（三）直埋敷设

如图 7－21 所示，直埋敷设又称无沟敷设，是将供热管道直接埋设在土壤中的敷设方式。管道保温结构外表面与土壤直接接触。

直埋敷设分为有补偿直埋敷设和无补偿直埋敷设。有补偿直埋敷设是指供热管道设补偿器的直埋敷设，又分为有固定点和无固定点两种方式。无补偿直埋敷设是指供热管道不专设补偿器的直埋敷设。

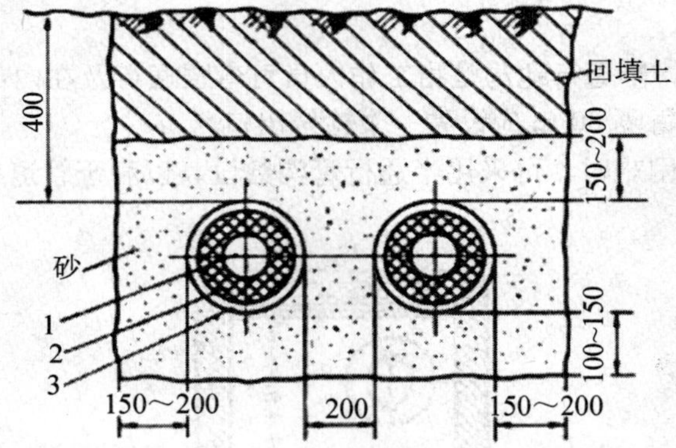

1—钢管；2—聚氨酯硬质泡沫塑料保温层；3—高密度聚乙烯硬质塑料或玻璃钢保护层

图 7－21　预制保温管直埋敷设

热水热网管道地下敷设时，应优先采用直埋敷设；蒸汽管道采用管沟敷设困难时，可采用保温性能良好、防水性能可靠、保护管耐腐蚀的预制保温管直埋敷设，其设计寿命不应低于 25 年。

直埋敷设热水管道应采用钢管、保温层、保护外壳结合成一体的预制保温管道，其性能应符合《城市热力网设计规范》的有关规定。

直埋敷设管道应采用由专业工厂预制的直埋保温管（也称为“管内管”），其保温层一般为聚氨酯硬质泡沫塑料，保护层一般采用高密度聚乙烯硬质塑料或玻璃钢，也有采用钢管（钢套管）做保护层的。直埋预制管内管应采用无缝钢管。

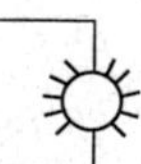

思考与练习

1. 供暖系统的施工图由哪些部分组成？
2. 室内热水供暖系统管路布置需要坚持哪些基本原则？
3. 室内供暖系统一般有哪几种环路划分形式？
4. 供暖系统的室内管道敷设需要考虑哪些因素？
5. 室外供热管道有哪些敷设形式？

附　　录

附表 1　一些常用建筑材料的热物理特性参数表

材料名称	密度 ρ(kg/m³)	热导率 λ［W/（m・℃）］	传热系数 s［W/（m・℃）］	比热容 C［J/（kg・℃）］
混凝土				
钢筋混凝土	2 500	1.74	17.20	920
碎石、卵石混凝土	2 300	1.51	15.36	920
泡沫混凝土	700	0.22	3.56	1 050
砂浆和砌体				
水泥砂浆	1 800	0.93	11.26	1 050
石灰、水泥、砂、砂浆	1 700	0.87	10.79	1 050
石灰、砂、砂浆	1 600	0.81	10.12	1 050
重砂浆黏土砖砌体	1 800	0.81	10.52	1 050
轻砂浆黏土砖砌体	1 700	0.76	9.86	1 050
热绝缘材料				
矿棉、岩棉、玻璃棉板	<150	0.064	0.93	1 218
	1 218	150～300	0.07～0.93	0.98～1.80
水泥膨胀珍珠岩	800	0.26	4.16	1 176
	1 176	600	0.21	3.26
木材、建材板材				
横纹橡木、枫木	700	0.23	5.43	2 500
顺纹橡木、枫木	700	0.41	7.18	2 500
横纹云杉	500	0.17	3.98	2 500
顺纹云杉	500	0.35	5.63	2 500
胶合板	600	0.17	4.36	2 500
纤维板	1 000	0.34	7.83	2 500

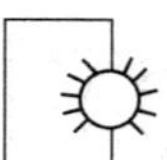

续附表1

材料名称	密度 ρ(kg/m³)	热导率 λ [W/(m·℃)]	传热系数 s [W/(m·℃)]	比热容 C [J/(kg·℃)]
木屑板	200	0.065	1.41	2 100
石棉水泥隔热板	500	0.16	2.48	1 050
石棉水泥板	1 800	0.52	3.57	1 050
松散材料				
锅炉渣	100	0.29	4.40	920
膨胀珍珠岩	120	0.07	0.84	1 176
木屑	250	0.093	1.84	2 000
卷材、沥青材料				
沥青油毡、油毡纸	600	0.17	3.33	1 471

附表 2　热水供暖系统管道水力计算表（$t'_g=95$ ℃，$t'_h=70$ ℃，$K=0.2$ mm）

公称直径/mm		15.00		20.00		25.00		32.00	
内径/mm		15.75		21.25		27.00		35.75	
G	Q	R	v	R	v	R	v	R	v
24.00	697.67	2.11	0.03						
28.00	813.95	2.47	0.04						
32.00	930.23	2.82	0.05						
36.00	1 046.51	3.17	0.05						
40.00	1 162.79	3.52	0.06						
44.00	1 279.07	7.36	0.06						
48.00	1 395.35	8.60	0.07	1.28	0.04				
52.00	1 511.63	9.92	0.08	1.38	0.04				
56.00	1 627.91	11.34	0.08	1.49	0.04				
60.00	1 744.19	12.84	0.09	2.93	0.05				
64.00	1 860.47	14.43	0.09	3.29	0.05				
68.00	1 976.74	16.11	0.10	3.66	0.05				
72.00	2 093.02	17.88	0.10	4.05	0.06				
76.00	2 209.30	19.74	0.11	4.46	0.06				
80.00	2 325.58	21.68	0.12	4.88	0.06				
84.00	2 441.86	23.71	0.12	5.33	0.07				
88.00	2 558.14	25.83	0.13	5.79	0.07				

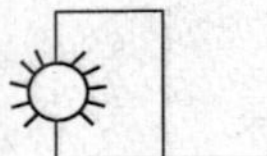

续附表2

公称直径/mm		15.00		20.00		25.00		32.00	
内径/mm		15.75		21.25		27.00		35.75	
G	*Q*	*R*	*v*	*R*	*v*	*R*	*v*	*R*	*v*
95.00	2 761.63	29.75	0.14	6.65	0.08				
105.00	3 052.33	35.82	0.15	7.96	0.08	2.45	0.05		
115.00	3 343.02	42.42	0.17	9.39	0.09	2.88	0.06		
125.00	3 633.72	49.57	0.18	10.93	0.10	3.34	0.06		
135.00	3 924.42	57.27	0.20	12.68	0.11	3.83	0.07		
145.00	4 215.12	65.50	0.21	14.34	0.12	4.35	0.07		
155.00	4 505.81	74.28	0.22	16.22	0.12	4.91	0.08		
165.00	4 796.51	83.60	0.24	18.20	0.13	5.50	0.08		
175.00	5 087.21	93.46	0.25	20.29	0.14	6.12	0.09		
185.00	5 377.91	103.86	0.27	22.50	0.15	6.77	0.09		
195.00	5 668.60	114.80	0.28	24.81	0.16	7.45	0.10		
210.00	6 104.65	132.23	0.30	28.49	0.17	8.53	0.10		
230.00	6 686.05	157.35	0.33	33.77	0.18	10.08	0.11		
250.00	7 267.44	184.64	0.36	39.50	0.20	11.75	0.12		
270.00	7 848.84	214.08	0.39	45.66	0.22	13.55	0.13		
290.00	8 430.23	245.68	0.42	52.26	0.23	15.47	0.14		
310.00	9 011.63	279.44	0.45	59.30	0.25	17.51	0.15		
330.00	9 593.02	315.36	0.48	66.77	0.26	19.68	0.16	4.81	0.09
350.00	10 174.42	353.44	0.51	74.68	0.28	21.97	0.17	5.36	0.10
370.00	10 755.81	393.67	0.54	83.03	0.29	24.38	0.18	5.93	0.10
390.00	11 337.21	436.06	0.57	91.81	0.31	26.91	0.19	6.54	0.11
410.00	11 918.60	480.61	0.59	101.03	0.33	29.57	0.20	7.17	0.12
430.00	12 500.00	527.31	0.62	110.69	0.34	32.35	0.21	7.83	0.12
450.00	13 081.40	576.18	0.65	120.78	0.36	35.25	0.22	8.51	0.13
470.00	13 662.79	627.19	0.68	131.30	0.37	38.27	0.23	9.23	0.13
490.00	14 244.19	680.37	0.71	142.27	0.39	41.42	0.24	9.97	0.14
520.00	15 116.28	764.17	0.75	159.53	0.41	46.36	0.26	11.13	0.15
560.00	16 279.07	883.46	0.81	184.07	0.45	53.38	0.28	12.78	0.16
600.00	17 441.86			210.35	0.48	60.89	0.30	14.54	0.17

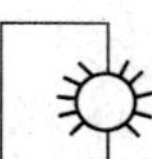

续附表 2

公称直径/mm		15.00		20.00		25.00		32.00	
内径/mm		15.75		21.25		27.00		35.75	
G	Q	R	v	R	v	R	v	R	v
640.00	18 604.65			238.37	0.51	68.89	0.30	16.41	0.18
660.00	19 186.05			253.04	0.53	73.07	0.33	17.39	0.19
700.00	20 348.84			283.67	0.56	81.79	0.35	19.43	0.20
740.00	21 511.63			316.05	0.59	91.01	0.37	21.57	0.21
780.00	22 674.42			350.17	0.62	100.71	0.38	23.83	0.22
820.00	23 837.21			386.03	0.65	110.89	0.40	26.19	0.23
860.00	25 000.00			423.63	0.69	121.56	0.42	28.67	0.24
900.00	26 162.79			462.97	0.72	132.72	0.44	31.25	0.25
1 000.00	29 069.77			568.94	0.80	162.75	0.49	38.20	0.28
1 100.00	31 976.74			685.79	0.88	195.81	0.54	45.83	0.31
1 200.00	34 883.72			813.52	0.96	231.92	0.59	54.14	0.34
1 300.00	37 790.70			952.13	1.04	271.06	0.64	63.14	0.37
1 400.00	40 697.67					313.24	0.69	72.82	0.39
1 500.00	43 604.65					358.46	0.74	83.19	0.42
1 600.00	46 511.63					406.71	0.79	94.24	0.45
1 700.00	49 418.60					458.01	0.84	105.98	0.48
1 800.00	52 325.58					512.34	0.89	118.39	0.51
1 900.00	55 232.56					569.70	0.94	131.50	0.54
2 000.00	58 139.53					630.11	0.99	145.28	0.56
2 200.00	63 953.49							174.91	0.62
2 400.00	69 767.44							207.26	0.68
2 600.00	75 581.40							242.35	0.73
2 800.00	81 395.35							280.18	0.79
3 000.00	87 209.30							320.73	0.84
3 200.00	93 023.26							364.02	0.90
3 400.00	98 837.21							410.04	0.96
3 600.00	104 651.16							458.80	1.01
3 800.00	110 465.12							510.29	1.07
4 000.00	116 279.07							564.51	1.13

续附表 2

公称直径/mm		40.00		50.00		70.00		80.00	
内径/mm		41.00		53.00		68.00		80.50	
G	Q	R	v	R	v	R	v	R	v
520.00	15 116.28	5.60	0.11	1.57	0.07				
560.00	16 279.07	6.42	0.12	1.79	0.07				
600.00	17 441.86	7.29	0.13	2.03	0.08				
640.00	18 604.65	8.22	0.14	2.29	0.08				
660.00	19 186.05	8.71	0.14	2.42	0.08				
700.00	20 348.84	9.71	0.15	2.69	0.09				
740.00	21 511.63	10.78	0.16	2.98	0.09				
780.00	22 674.42	11.89	0.17	3.28	0.10				
820.00	23 837.21	13.06	0.18	3.60	0.11				
860.00	25 000.00	28	0.18	3.93	0.11				
900.00	26 162.79	15.56	0.19	4.27	0.12	1.24	0.07		
1 000.00	29 069.77	18.98	0.21	5.19	0.13	1.50	0.08		
1 100.00	31 976.74	22.73	0.24	6.20	0.14	1.79	0.09		
1 200.00	34 883.72	26.81	0.26	7.29	0.15	2.10	0.09		
1 300.00	37 790.70	31.23	0.28	8.47	0.17	2.43	0.10		
1 400.00	40 697.67	35.98	0.30	9.74	0.18	2.79	0.11		
1 500.00	43 604.65	41.06	0.32	11.09	0.19	3.17	0.12		
1 600.00	46 511.63	46.47	0.34	12.52	0.20	3.57	0.12		
1 700.00	49 418.60	52.21	0.36	14.04	0.22	4.00	0.13		
1 800.00	52 325.58	58.28	0.39	15.65	0.23	4.44	0.14		
1 900.00	55 232.56	64.68	0.41	17.34	0.24	4.92	0.15	2.12	0.11
2 000.00	58 139.53	71.42	0.43	19.12	0.26	5.41	0.16	2.33	0.11
2 200.00	63 953.49	85.88	0.47	22.92	0.28	6.47	0.17	2.77	0.12
2 400.00	69 767.44	101.66	0.51	27.07	0.31	7.62	0.19	3.26	0.13
2 600.00	75 581.40	118.76	0.56	31.56	0.33	8.86	0.20	3.79	0.14
2 800.00	81 395.35	137.19	0.60	36.39	0.36	10.20	0.22	4.35	0.16
3 000.00	87 209.30	156.93	0.64	41.56	0.38	11.62	0.23	4.95	0.17
3 200.00	93 023.26	178.00	0.68	47.07	0.41	13.14	0.25	5.59	0.18
3 400.00	98 837.21	200.39	0.73	52.92	0.44	14.74	0.26	6.26	0.19

续附表 2

公称直径/mm		40.00		50.00		70.00		80.00	
内径/mm		41.00		53.00		68.00		80.50	
G	*Q*	*R*	*v*	*R*	*v*	*R*	*v*	*R*	*v*
3 600.00	104 651.16	224.10	0.77	59.11	0.46	16.44	0.28	6.98	0.20
3 800.00	110 465.12	249.13	0.81	65.64	0.49	18.23	0.30	7.73	0.21
4 000.00	116	275.49	0.86	72.50	0.51	20.12	0.31	8.52	0.22
4 200.00	122	303.16	0.90	79.71	0.54	22.09	0.33	9.34	0.23
4 400.00	127	332.16	0.94	87.26	0.56	24.15	0.34	10.21	0.24
4 600.00	1 337	362.48	0.98	95.14	0.59	26.31	0.36	11.11	0.26
4 800.00	1 395	394.12	1.03	103.37	0.61	28.55	0.37	12.05	0.27
5 000.00	1 453	427.08	1.07	111.93	0.64	30.89	0.39	13.03	0.28

注：1. 本表部分摘自《实用供热空调设计手册》(1993 年)。

2. 本表按供暖季平均水温 $t\approx60$℃，相应的密度 $\rho=983.248\ \mathrm{kg/m^3}$ 条件编制。

3. 摩擦阻力系数 λ 值按下述原则确定：层流区中，按式（6－4）计算；紊流区中，按式(6－11)计算。

4. 表中符号：G 为管段热水流量，kg/h；R 为比摩阻，Pa/m；v 为水流速，m/s。

附表 3 热水及蒸汽供暖系统局部阻力系数 ξ 值

局部阻力名称	ξ	说明	局部阻力系数	在下列管径（*DN*）时的 ξ 值					
				15	20	25	32	40	≥50
双柱散热器	2.0	以热媒在导管中的流速计算局部阻力	截止阀	16.0	10.0	9.0	9.0	8.0	7.0
铸铁锅炉	2.5		旋塞	4.0	2.0	2.0	2.0		
钢制锅炉	2.0		斜杆截止阀	3.0	3.0	3.0	2.5	2.5	2.0
突然扩大	1.0	以其中较大的流速计算局部阻力	闸阀	1.5	0.5	0.5	0.5	0.5	0.5
突然缩小	0.5		弯头	2.0	2.0	1.5	1.5	1.0	1.0

续附表3

局部阻力名称	ξ	说明	局部阻力系数	在下列管径（DN）时的 ξ 值 15	20	25	32	40	≥50
直流三通（图①）	1.0		90°煨弯及乙字弯	1.5	1.5	1.0	1.0	0.5	0.5
旁流三通（图②）	1.5		扩弯（图⑥）	3.0	2.0	2.0	2.0	2.0	2.0
合流三通（图③）	3.0	① ④	急弯双弯头	2.0	2.0	2.0	2.0	2.0	2.0
分流三通（图③）			缓弯双弯头	1.0	1.0	1.0	1.0	1.0	1.0
直流四通（图④）	2.0	② ⑤							
分流四通（图⑤）	3.0								
放行补偿器	2.0	③ ⑥							
套管补偿器	0.5								

附表 4　热水供暖系统局部阻力系数 $\xi=1$ 的局部损失（动压头）值

v	Δp_d	v	Δp_d	v	Δp_d	v	Δp_d	v	Δp_d	v	Δp_d
0.01	0.05	0.13	8.31	0.25	30.73	0.37	67.31	0.49	118.04	0.61	182.94
0.02	0.20	0.14	9.64	0.26	33.23	0.38	70.99	0.50	122.91	0.62	188.99
0.03	0.44	0.15	11.06	0.27	35.84	0.39	74.78	0.51	127.88	0.65	207.72
0.04	0.79	0.16	12.59	0.28	38.54	0.40	78.66	0.52	132.94	0.68	227.34
0.05	1.23	0.17	14.21	0.29	41.35	0.41	82.65	0.53	138.10	0.71	247.84
0.06	1.77	0.18	15.93	0.30	44.25	0.42	86.73	0.54	143.36	0.74	269.22
0.07	2.41	0.19	17.75	0.31	47.25	0.43	90.90	0.55	148.72	0.77	291.49
0.08	3.15	0.20	19.67	0.32	50.34	0.44	95.18	0.56	154.18	0.80	314.65
0.09	3.98	0.21	21.68	0.33	53.54	0.45	99.56	0.57	159.73	0.85	355.21
0.10	4.92	0.22	23.80	0.34	56.83	0.46	104.03	0.58	165.39	0.90	398.23
0.11	5.95	0.23	26.01	0.35	60.23	0.47	108.60	0.59	171.14	0.95	443.71
0.12	7.08	0.24	28.32	0.36	63.72	0.48	113.27	0.60	176.99	1.00	491.64

注：本表按 $t_g=95$ ℃，$t_h=70$ ℃，整个供暖季的平均水温 $t\approx60$℃，相应的密度 $\rho=983.248\ kg/m^3$ 条件编制。

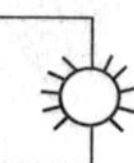

附表 5　一些管径的 λ/d 值与 A 值

公称直径/mm	15	20	25	32	40	50	70	89×3.5	108×4
外径/mm	21.25	26.75	33.5	42.25	48	60	75.5	89	108
内径/mm	15.75	21.25	27	35.75	41	53	68	82	100
$\lambda/d/(1/\mathrm{m})$	2.6	1.8	1.3	0.9	0.76	0.54	0.4	0.31	0.24
$A/[\mathrm{Pa}/(\mathrm{kg/h})^2]$	1.03×10^{-3}	3.12×10^{-4}	1.2×10^{-4}	3.89×10^{-5}	2.25×10^{-5}	8.06×10^{-6}	2.97×10^{-6}	1.41×10^{-6}	6.36×10^{-7}

注：本表按 $t_g=95$ ℃，$t_h=70$ ℃，整个供暖季的平均水温 $t\approx60$ ℃，相应的密度 $\rho=983.248\ \mathrm{kg/m^3}$ 条件编制。

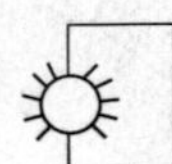

附表 6 按 $\xi_{zh}=1$ 确定热水供暖系统管段压力损失的管径计算表

项目	公称直径/mm									流速 v/(m/s)	压力损失 Δp/Pa
	15	20	25	32	40	50	70	80	100		
水流量 G/(kg/h)	76	138	223	391	514	859	1 415	2 054	3 058	0.11	5.95
	83	151	243	427	561	937	1 544	2 241	3 336	0.12	7.08
	90	163	263	462	608	1 015	1 673	2 427	3 614	0.13	8.31
	97	176	283	498	654	1 093	1 801	2 614	3 892	0.14	9.64
	104	188	304	533	701	1 172	1 930	2 801	4 170	0.15	11.06
	111	201	324	569	748	1 250	2 059	2 988	4 449	0.16	12.59
	117	213	344	604	795	1 328	2 187	3 174	4 727	0.17	14.21
	124	226	364	640	841	1 406	2 316	3 361	5 005	0.18	15.93
	131	239	385	675	888	1 484	2 445	3 548	5 283	0.19	17.75
	138	251	405	711	935	1 562	2 573	3 735	5 561	0.20	19.67
	145	264	425	747	982	1 640	2 702	3 921	5 839	0.21	21.68
	152	276	445	782	1 028	1 718	2 831	4 108	6 117	0.22	23.80
	159	289	466	818	1 075	1 796	2 959	4 295	6 395	0.23	26.01
	166	301	486	853	1 122	1 874	3 088	4 482	6 673	0.24	28.32
	173	314	506	889	1 169	1 953	3 217	4 668	6 951	0.25	30.73
	180	326	526	924	1 215	2 031	3 345	4 855	7 229	0.26	33.23
	187	339	547	960	1 262	2 109	3 474	5 042	7 507	0.27	35.84
	193	351	567	995	1 309	2 187	3 603	5 228	7 785	0.28	38.54
	200	364	587	1 031	1 356	2 265	3 731	5 415	8 063	0.29	41.35
	207	377	607	1 067	1 402	2 343	3 860	5 602	8 341	0.30	44.25
	214	389	627	1 102	1 449	2 421	3 988	5 789	8 619	0.31	47.25
	221	402	648	1 138	1 496	2 499	4 117	5 975	8 897	0.32	50.34
	228	414	668	1 173	1 543	2 577	4 246	6 162	9 175	0.33	53.54
	235	427	688	1 209	1 589	2 655	4 374	6 349	9 453	0.34	56.83
	242	439	708	1 244	1 636	2 734	4 503	6 536	9 731	0.35	60.23
	249	452	729	1 280	1 683	2 812	4 632	6 722	10 009	0.36	63.72
	256	464	749	1 315	1 730	2 890	4 760	6 909	10 287	0.37	67.31
	263	477	769	1 351	1 776	2 968	4 889	7 096	10 565	0.38	70.99
	276	502	810	1 422	1 870	3 124	5 146	7 469	11 121	0.40	78.66
	290	527	850	1 493	1 963	3 280	5 404	7 843	11 677	0.42	86.73
	304	552	891	1 564	2 057	3 436	5 661	8 216	12 233	0.44	95.18
	318	577	931	1 635	2 150	3 593	5 918	8 590	12 790	0.46	104.03
	332	603	972	1 706	2 244	3 749	6 176	8 963	13 346	0.48	113.27
	345	628	1 012	1 778	2 337	3 905	6 433	9 337	13 902	0.50	122.91
	380	690	1 113	1 955	2 571	4 296	7 076	10 270	15 292	0.55	148.72
	415	753	1 214	2 133	2 805	4 686	7 720	11 204	16 682	0.60	176.99
	449	816	1 316	2 311	3 038	5 077	8 363	12 137	18 072	0.65	207.72

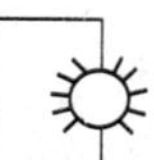

续附表6

项目	公称直径/mm									流速 v/(m/s)	压力损失 Δp / Pa
	15	20	25	32	40	50	70	80	100		
水流量 G/(kg/h)	484	879	1 417	2 489	3 272	5 467	9 006	13 071	19 462	0.70	240.90
		1 004	1 619	2 844	3 740	6 248	10 293	14 938	22 243	0.80	314.65
				3 200	4 207	7 029	11 579	16 806	25 023	0.90	398.23
						7 810	12 866	18 673	27 803	1.00	491.64
								22 408	33 364	1.20	707.96

注：按 $G=(\Delta p/A)^{0.5}$ 公式计算，其中 Δp 按附表 4 计算，A 值按附表 5 计算。

附表 7　室内低压蒸汽供暖系统管路计算

（表压力 p_b=5～20 kPa，K=0.2mm）							
	水煤气管公称直径/mm						
	15	20	25	32	40	50	70
比摩阻/(Pa/m)	790	1 510	2 380	5 260	8 010	15 760	30 050
	2.92	2.92	2.92	3.67	4.23	5.1	5.75
	918	2 066	3 541	7 727	11 457	23 015	43 200
	3.43	3.89	4.34	5.4	6.05	7.43	8.35
	1 090	2 400	4 395	10 000	14 260	28 500	53 400
	4.07	4.88	5.45	6.65	7.64	9.31	10.35
	1 239	2 920	5 240	11 120	16 720	33 050	61 900
	4.55	5.65	6.41	7.8	8.83	10.85	12.1
	1 500	3 615	6 350	13 700	20 750	40 800	76 600
	5.55	7.01	7.77	9.6	10.95	13.2	14.95
	1 759	4 220	7 330	16 180	24 190	47 800	89 400
	6.51	8.2	8.98	11.3	12.7	15.3	17.35
	2 219	5 130	9 310	20 500	29 550	58 900	110 700
	8.17	9.94	11.4	14	15.6	19.03	21.4
	2 570	5 970	10 630	23 100	34 400	67 900	127 600
	9.55	11.6	13.15	16.3	18.4	22.1	24.8
	2 900	6 820	11 900	25 655	38 400	76 000	142 900
	10.7	13.2	14.6	17.9	20.35	24.6	27.6
	3 520	8 323	14 678	31 707	47 358	93 495	168 200
	13	16.1	18	22.15	25	30.2	33.4
	4 052	9 703	16 975	36 545	55 568	108 210	202 800
	15	18.8	20.9	25.5	29.4	35	38.9
	5 049	11 939	20 778	45 140	68 360	132 870	250 000
	18.7	23.2	25.6	31.6	35.6	42.8	48.2

注：表中数值，上行为通过水煤气管得到的热量（W），下行为蒸汽流速（m/s）。

参考文献

[1] 城镇供热管网设计规范 CJ J34—2010 [M]. 北京：光明日报出版社，2010.

[2] 董铁山，董久樟. 城镇供热管网工程施工技术 [M]. 北京：中国电力出版社，2009.

[3] 高明远，岳秀萍. 建筑设备工程 [M]. 第 3 版. 北京：中国建筑工业出版社，2005.

[4] 供热计量技术规程 JGJ 173—2009 [M]. 北京：中国建筑工业出版社，2009.

[5] 何天祺. 供暖通风与空气调节 [M]. 第 2 版. 重庆：重庆大学出版社，2008.

[6] 贺平，孙刚，等. 供热工程 [M]. 第 4 版. 北京：中国建筑工业出版社，2009.

[7] 刘学来. 城市供热工程 [M]. 北京：中国电力出版社，2009.

[8] 邵宗义 . 实用供热、供燃气管道工程技术 [M]. 北京：化学工业出版社，2005.

[9] 田玉卓，闫全英，等. 供热工程 [M]. 北京：机械工业出版社，2008.

[10] 王宇清. 供热工程 [M]. 北京：机械工业出版社，2012.